La gelée magique

不一样的魔法分层果冻

〔日〕荻田尚子　著
葛婷婷　译

河南科学技术出版社
· 郑州 ·

Sommaire
目录

4 自然分成2层的漂亮又神奇的魔法果冻

6 魔法果冻的基本做法
苹果汁果冻
Jus de pomme

10 关于模具等
12 关于工具/关于材料
13 常见问题

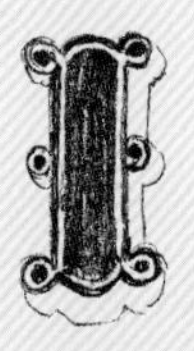

基础版魔法果冻

15 蔷薇果果冻
Cynorrhodon

16 可尔必思果冻
Calpis

17 菠萝椰奶果冻
Ananas-Lait de coco

18 葡萄汁果冻
Jus de raisin

19 蔓越莓汁果冻
Jus de canneberge

19 蜂蜜柠檬果冻
Miel-Citron

22 草莓糖浆果冻
Sirop de fraise

23 葡萄糖浆果冻
Sirop de raisin

26 巧克力蔓越莓果冻
Chocolat-Canneberge

27 白巧克力橙子果冻
Chocolat blanc-Orange

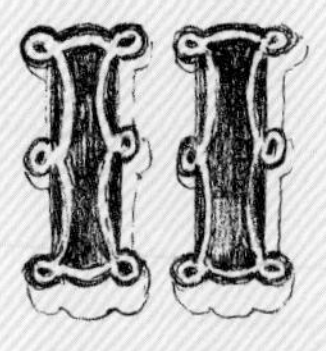

升级版魔法果冻

28 新鲜橙子果冻
Orange frais

29 橙子芝士蛋糕风味果冻
Gâteau au fromage à l'orange

32 柠檬水果冻
Limonade

33 葡萄柚果冻
Pamplemousse

34 白色桑格利亚果冻
Sangria blanche

35 红色桑格利亚果冻
Sangria rouge

36 综合莓果果冻
Fruits rouges

37 日式梅干果冻
Prunes marinées

40 菠萝珍珠圆子果冻
Ananas-Tapioca

41 白桃果冻
Pêche blanche

42 玫瑰果冻
Rose

44 苹果玫瑰果冻
Rose de pomme

46 樱花果冻
Cerisier

48 食用花果冻
Fleurs comestibles

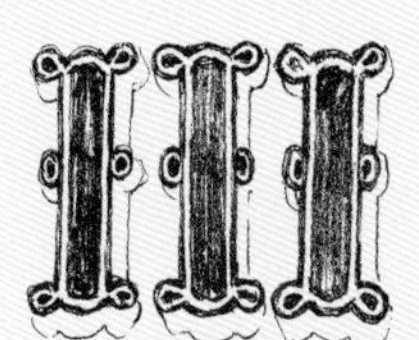

前菜魔法果冻

51 切块蔬菜果冻
Coupe légumes cubes

52 三文鱼莳萝果冻
Saumon fumé-Aneth

53 鸡肉蔬菜薄片果冻
Poulet cuit à la vapeur-Tranches de légumes

56 棋盘格风火腿西蓝花果冻
Jambon-Brocoli

57 樱桃番茄马苏里拉奶酪果冻
Tomates cerises-Mozzarella

58 使用棉花糖马上就能做好的魔法果冻
棉花糖果冻
Guimauve

魔法气泡果冻

60 啤酒果冻
Bière

61 香槟果冻
Champagne

64 莫吉托果冻
Mojito

65 甜香酒果冻
Cordial

68 网纹瓜汽水果冻
Eau pétillante au melon

69 奶昔果冻
Lait frappé

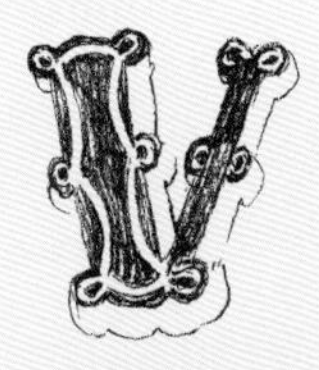

魔法淡雪果冻

70 夏蜜柑果冻
Amanatsu

71 日本柚子果冻
Yuzu

74 奇异果果冻
Kiwi

75 草莓果冻
Fraise

78 苹果果冻
Pomme

79 蓝莓果冻
Myrtille

本书的使用方法

- 材料以完成品图片中所使用的玻璃器具、模具及方盘的尺寸、容量为标准来计量。
- 会用各种不同的玻璃器具或模具来制作，只要液体总和和吉利丁粉的比例保持不变，即使分量稍做增减也没关系。
- 本书中使用功率600W的微波炉。请根据实际所用微波炉的瓦数来调整加热时间。
- 1大勺为15mL，1小勺为5mL。

Introduction

自然分成2层的漂亮又神奇的魔法果冻

在冷却凝固的过程中，
自然就能分成2层的魔法果冻。
主要的材料只是果汁、鲜奶油，以及吉利丁粉而已。
把上述材料快速混合，再倒入玻璃器具、模具或方盘中，
然后要做的就只是放入冰箱冷藏室中，
分成不同口感与颜色的2层的果冻就做好了，
简单得让人有点感动。

这是由液体的密度差异，
以及鲜奶油的油脂含量所带来的效果。
如此就能营造出这么美丽的层次感，
还真是令人惊讶呢。

一般在制作分层果冻时，
每层都要分别制作果冻液，
然后待上一层果冻液冷却凝固后，
才能继续添加下一层果冻液……
要重复2～3次这样的工序，才能做出分层效果，
但是书中的魔法果冻却只需要制作1次！

当然，好吃才是最重要的！
透明部分主要是果汁，口感富有弹性。
白色部分主要是鲜奶油，口感软绵顺滑。
这两种口感在舌尖融合，
就如同在品尝上乘的慕斯蛋糕，
带来奢华的味觉享受。

咸味的果冻也一样能拿得出手。
如同法式料理店中的前菜般的2层的蔬菜果冻，
做法却也非常简单。
作为家庭聚会中的前菜是最合适的，
一定会让大家吃得展露笑颜。

La recette de base

魔法果冻的基本做法

Jus de pomme

苹果汁果冻 →p. 8

Jus de pomme
苹果汁果冻

材料（150mL布丁模具2个分）

吉利丁粉　5g

苹果汁　200mL

细砂糖　20g

柠檬果汁　1小勺

鲜奶油　50mL

苹果汁
只要是果汁含量100%的产品都可以。味道不会过于强烈，可与任何食材搭配。

小贴士

- 苹果的清爽、鲜奶油的醇厚形成了完美的平衡。一次能品尝到两种不同的口味。
- 成品有着绝妙的透明质感，用玻璃器具来盛放会很漂亮。

1. 泡发吉利丁粉

2大勺水中撒入吉利丁粉搅拌混合，泡发10分钟左右。

- 如果是将水倒入吉利丁粉中，可能出现混合不匀、难以完美泡发的情况，所以请务必将吉利丁粉撒入水中。

2. 溶化细砂糖

锅中放入苹果汁和细砂糖，开中火加热，用橡胶刮刀搅拌使细砂糖溶化。

- 充分搅拌使细砂糖溶化，直至颗粒完全消失为止。

3. 加入吉利丁

锅的边缘开始扑哧扑哧冒泡时关火。加入**1**的已经泡发的吉利丁，搅拌1分钟左右使材料充分溶化，再加入柠檬果汁搅拌混合。

- 因为煮沸状态下吉利丁难以凝固，所以必须在关火后再加入吉利丁。
- 柠檬果汁加入后稍加搅拌快速混合即可。

基本材料只是果汁、吉利丁粉和鲜奶油。在冷却凝固时因液体密度不同，果汁与鲜奶油会产生分离效果，自然分层的魔法果冻就是这样诞生的。在 I ~ III 部分中果冻的做法是共通的。

4.
加入鲜奶油后冷却凝固

模具内侧用水稍微弄湿。3的锅中加入鲜奶油，大幅度地搅拌2～3次，马上用长柄汤勺舀起等分地倒入2个模具中，静置冷却。充分冷却后包上保鲜膜放入冰箱中，冷藏2小时以上使其凝固。

·在使用模具的情况下，为了让果冻完美脱模，可以事先用水弄湿模具内侧。加入鲜奶油后，尽可能快地将果冻液倒入模具中才能使其顺利分离，所以要事先弄湿模具。

·鲜奶油像画螺旋般大幅度地搅拌2～3次即可。如果搅拌过度就会难以分成2层，因此要特别注意。

·用长柄汤勺等工具舀起时，为了保证果汁和鲜奶油的比例保持不变，应从底部直上式地舀起，再慢慢地倒入模具中。

·一开始是完全混合在一起的状态，但是在冷却的过程中就自然地分成了2层。如果马上放入冷藏室中就不会凝固成2层，所以应室温静置冷却后再放入冰箱中。

·模具较大的情况下，果冻冷却凝固需要花费更长的时间，所以要观察果冻的状态来判断下一步如何做。

5.
脱模

果冻凝固后，用手指轻轻推挤果冻边缘制造出缝隙，然后把模具浸泡于热水中2～3秒。再轻轻按压果冻，让模具与果冻之间进入空气，将盘子倒扣在模具上然后整体翻转，轻轻摇晃脱去模具。

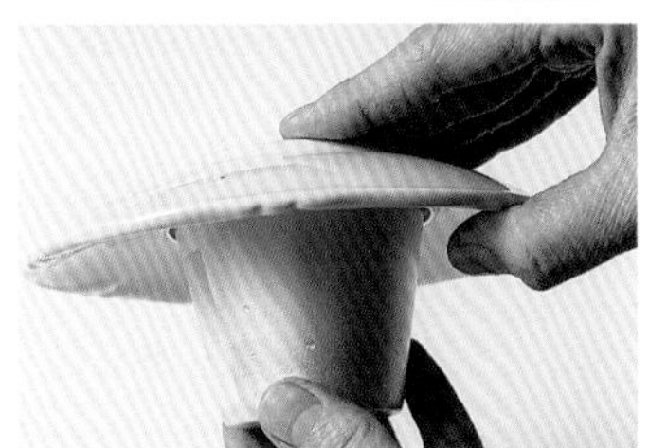

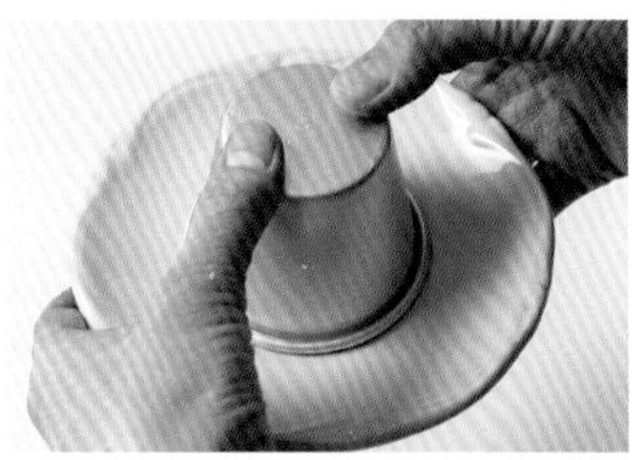

·在模具与果冻之间制造出一点缝隙，会更好脱模。

·热水的温度建议控制在50℃左右。模具浸泡热水后，紧贴着模具的果冻会稍稍熔化。但长时间浸泡果冻会熔化过度，所以浸泡2～3秒即可。

·如果无法顺利脱模，可以再次浸泡于热水中2～3秒，或者在模具边缘处插入小刀。

Moules
关于模具等

本书使用了各种各样的点心专用模具，有固底圆形模具、天使蛋糕模具（中空圆环形）、玛格丽特蛋糕模具（雏菊花形）、磅蛋糕模具、布丁模具、果冻模具，以及方盘、玻璃器具。大多数的食谱不管是用模具还是玻璃器具都可以制作。

当然，使用玻璃器具是最简便的。不需要花功夫脱模，可以直接享用。

使用模具做出来的果冻会显得更华丽。但是为了能顺利脱模，倒入果冻液前必须要用水稍微弄湿模具内侧。

玻璃器具

○简便的制作方法。

不需要脱模，可以直接享用。

× 大量制作时需要更多的玻璃器具。

• 一般使用容量为140 ~ 260mL的玻璃器具，但这只是建议而已。可根据自己现有的玻璃器具的情况，调整制作分量和器具数量。

• 使用2 ~ 3个玻璃器具制作的食谱，改用大的固底圆形模具或天使蛋糕模具等来制作时，需要根据情况增加分量。

模具

○可以制作各种形状的果冻。

大型模具非常适合用来制作多人聚会时享用的果冻。

✕ 脱模时要非常小心。

• 关于圆形模具，请使用固底的类型。活底模具会造成果冻液漏出的情况。
• 有的磅蛋糕模具可能底部存在缝隙，所以应先铺上保鲜膜再倒入材料ⓐ。
• 马口铁材质的模具若长时间存放液体，会有生锈的可能性，所以不适合用来制作果冻。推荐使用不锈钢制品和硅胶制品。

脱模方法

1. 果冻凝固后，用手指轻轻推挤果冻边缘制造出缝隙ⓑ。
2. 把模具浸泡于热水中2～3秒（热水温度控制在50℃左右。请注意长时间浸泡果冻会熔化过度）ⓒ。
3. 再轻轻按压果冻，让模具与果冻之间进入空气ⓓ。
4. 将盘子倒扣在模具上ⓔ然后整体翻转，轻轻摇晃ⓕ脱去模具ⓖ。如果无法顺利脱模，就再次浸泡于热水中2～3秒，或者在模具边缘处插入小刀ⓗ。

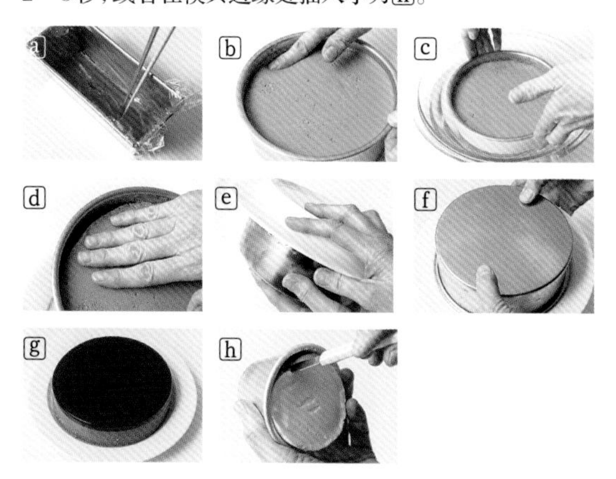

方盘

○制作简单。

✕ 脱模时要非常小心。

• 本书中使用的为19cm×13cm×3.5cm（高）的不锈钢方盘（在食谱中均简单写为“方盘”）。高度最好为3～4cm，这样制作起来比较安心。虽然也可以使用塑料方盘，但是不锈钢方盘能让果冻液更快地冷却凝固。当然也可以使用寒天专用方盒。可根据方盘的大小来调整材料分量。

脱模方法

1. 果冻凝固后，把方盘浸泡于热水中2～3秒（热水温度控制在50℃左右。请注意长时间浸泡果冻会熔化过度）ⓐ。
2. 在方盘和果冻之间插入小刀ⓑ，再轻轻挤压果冻，让方盘与果冻之间进入空气ⓒ。
3. 将盘子倒扣在方盘上然后整体翻转ⓓ，轻轻摇晃ⓔ脱去方盘ⓕ。如果无法顺利脱模，就再次浸泡于热水中2～3秒。

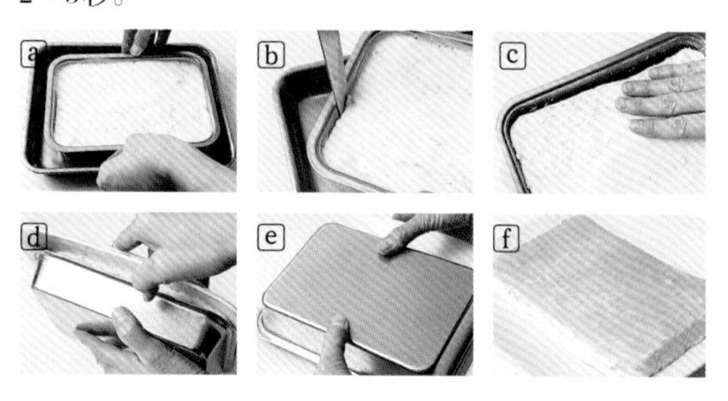

Ustensiles
关于工具

橡胶刮刀
刮刀推荐使用耐热性好的硅胶制品。溶化细砂糖、搅拌果冻液时使用。也可用木铲代替。

手动打蛋器
推荐使用不锈钢制品。本书中使用在法式西点师中广受好评的MATFER（法国烘焙用品品牌）的产品。

大碗
主要使用直径20cm、深10cm的稍大型的。搅拌果冻液、打发蛋白霜时使用。泡发吉利丁时可使用较小型的，会更加方便。

电子秤
推荐使用以1g为最小单位的电子秤。特别是吉利丁粉，若分量太多会导致果冻变硬，分量太少又会软塌，所以必须称量准确。

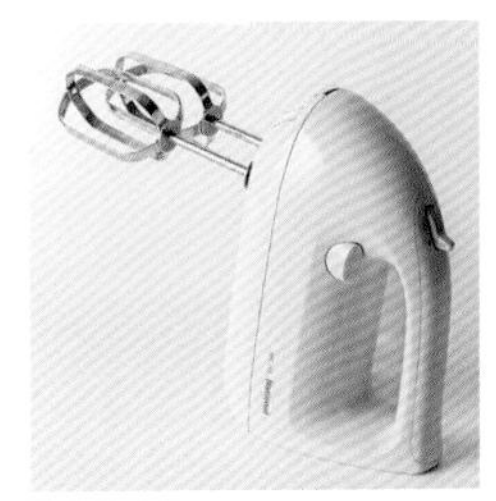

手持式电动搅拌器
打发蛋白霜时使用。一般品牌的搅拌器都可以使用，但要避免选择搅拌力度过弱的产品。食谱中所标注的搅拌时间只是个大概时间，应以最终状态为标准来判断。

榨汁器
榨取柠檬、橙子、葡萄柚等的果汁时使用，把横切成一半的水果放在中央凸起的圆锥形部分，按压转动挤榨出果汁。

Ingrédients
关于材料

吉利丁粉
主要成分为动物性蛋白质的凝固剂。本书中，250mL液体一般对应使用5g（2%）的吉利丁粉。不同厂商的产品，使用的量会有所不同，应仔细确认产品包装上的使用说明，再按照食谱明示的分量进行调整。比如产品使用说明建议对应液体使用2.5%的吉利丁粉时，食谱中吉利丁粉的分量就要增至1.25倍。

果汁等饮料
稍微带有酸味的饮料会比较适合制作果冻。即便不是100%果汁含量的也可以，含有果肉也没有问题。也可使用茶类饮料来制作果冻液。

鲜奶油
请务必使用动物性鲜奶油。乳脂含量为36%或45%的都可以。绝对不要用植物性鲜奶油，否则会无法做出分层效果。

柠檬
用于增添清爽风味。食谱中使用的是用柠檬鲜榨的柠檬果汁，但是用市售的果汁含量100%的柠檬汁也可以。

鸡蛋
有一些食谱会用到鸡蛋。一般使用中号大小的（蛋黄20g+蛋白30g）。尽量使用新鲜的鸡蛋。蛋白事先冷藏会更容易打发蛋白霜。

常见问题

不能顺利分层！原因是什么？

和果汁的浓度没有关系，即使含有果肉也没有问题。那么到底是什么原因呢？

①果冻液在放入冰箱之前没有充分冷却（在这个阶段应充分放凉至自然分成2层，然后再放入冰箱中）。

②加入鲜奶油后搅拌混合过度（若搅拌混合过度，分层会无法保持稳定，甚至会无法分层）。

③使用了果泥状的果汁（原因不明）。

从以上3点中寻找原因，然后再试着做一次。

可以用吉利丁片来制作吗？

可以。可以用与食谱中的吉利丁粉等量的吉利丁片来代替。但是与泡发吉利丁粉相同，请注意对应液体所使用的百分比。泡发时，吉利丁片应全部浸泡在水中1～2分钟。

可以用牛奶代替鲜奶油吗？

不可以，否则无法完美地分离成2层的果冻。虽然详细的原因不明确，但估计是乳脂含量较少的缘故。网络上也有一些用牛奶来制作2层的果冻的食谱，但是很容易失败，所以并不推荐。若使用植物性鲜奶油，也是无法顺利分层的。

相当难以凝固？

果冻液放入冰箱前是否没有充分冷却？制作时若使用较大的模具，充分冷却要花费的时间比较长，所以需要多预留一些时间。若因不易冷却凝固而浸泡冰水，也会造成无法分层的情况。如果充分冷却后才放入冰箱中，却还是难以凝固，则有可能是吉利丁粉的分量有问题。本书中使用的吉利丁粉是250mL液体对应使用5g（2%）的类型。若使用的吉利丁粉是200mL液体对应使用5g（2.5%）的类型，制作时就应将食谱中标示的吉利丁粉分量增加至1.25倍。

能存放多长时间？

使用了蛋白、蛋黄的果冻请当天食用。其他的可以冷藏2～3天。

基础版魔法果冻

- 基础版魔法果冻的食谱集。
  只需要将吉利丁和果汁混合，并加入鲜奶油搅拌混合，
  冷却后就能得到2层的魔法果冻。
- 操作十分简单，所以请一定尝试一下。
  可以使用各种果汁来制作。
- p.22 ~ 24的糖浆可以自己做，也可以用市售的成品。

Cynorrhodon
蔷薇果果冻

材料（直径18cm天使蛋糕模具1个分）

吉利丁粉　10g

蔷薇果茶

花果茶茶包（蔷薇果和木槿花）　2包（约7g）

热水　500mL

细砂糖　80g

柠檬果汁　2大勺

鲜奶油　100mL

花果茶（蔷薇果和木槿花）

为方便起见，标题写为“蔷薇果果冻”，但实际上是用蔷薇果与木槿花混合而成的花果茶制作的。富含维生素C。

做法

1. 4大勺水中撒入吉利丁粉搅拌混合，泡发10分钟左右。

2. 制作蔷薇果茶。在茶壶等器具中放入花果茶茶叶，注入热水，盖上盖子闷5分钟左右。用秤称量，在锅中倒入400g的茶汤ⓐ。如果不足400g，可适当添加热水（分量外）补足。

3. 2的锅中再倒入细砂糖，开中火加热，用橡胶刮刀搅拌使细砂糖溶化ⓑ。

4. 锅的边缘开始扑哧扑哧冒泡时ⓒ关火。加入1的泡发好的吉利丁ⓓ，搅拌1分钟左右使材料充分溶化ⓔ，再加入柠檬果汁ⓕ 搅拌混合 。

5. 模具内侧用水稍微弄湿ⓖ。4的锅中加入鲜奶油，大幅度地搅拌2～3次ⓗ，马上慢慢倒入模具中ⓘ，静置冷却ⓙ。充分冷却后包上保鲜膜放入冰箱中，冷藏2小时以上使其凝固。

6. 果冻凝固后，用手指轻轻推挤果冻边缘制造出缝隙，然后把模具浸泡于热水中2～3秒。再轻轻按压果冻，让模具与果冻之间进入空气，将盘子倒扣在模具上然后整体翻转，轻轻摇晃脱去模具。

小贴士

- 蔷薇果茶恰到好处的酸味能提升果冻的甜味，形成清爽的口感。红宝石般的颜色也非常漂亮。
- 根据自己的喜好可用不同的花果茶制作，但更适合使用有着少许酸味的花果茶。

Calpis
可尔必思果冻

材料（140mL玻璃杯2个分）

吉利丁粉　5g

可尔必思（5倍稀释型）　100mL

柠檬果汁　1小勺

鲜奶油　50mL

做法

1. 2大勺水中撒入吉利丁粉搅拌混合，泡发10分钟左右。

2. 锅中倒入可尔必思和100mL水，开中火加热，锅的边缘开始扑哧扑哧冒泡时关火。加入1的泡发好的吉利丁，用橡胶刮刀搅拌1分钟左右使材料充分溶化，再加入柠檬果汁搅拌混合。

3. 加入鲜奶油，大幅度地搅拌2～3次，马上用长柄汤勺舀起等分地倒入玻璃杯中，静置冷却。充分冷却后包上保鲜膜放入冰箱中，冷藏2小时以上使其凝固。

小贴士

· 可尔必思独特的甜味和酸味绝妙融合的魔法果冻，也可以尝试用不同口味的可尔必思制作

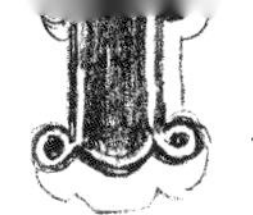

材料（180mL玻璃杯2个分）

吉利丁粉　5g
菠萝汁　160mL
细砂糖　30g
柠檬果汁　1小勺
椰奶　90mL

做法

1. 2大勺水中撒入吉利丁粉搅拌混合，泡发10分钟左右。

2. 锅中加入菠萝汁和细砂糖后开中火加热，用橡胶刮刀搅拌使细砂糖溶化。

3. 锅的边缘开始扑哧扑哧冒泡时关火。加入1的泡发好的吉利丁，搅拌1分钟左右使材料充分溶化，再加入柠檬果汁搅拌混合。

4. 加入椰奶，大幅度地搅拌2～3次，马上用长柄汤勺舀起等分地倒入玻璃杯中，静置冷却。充分冷却后包上保鲜膜放入冰箱中，冷藏2小时以上使其凝固。

小贴士

- 浓厚的椰奶与酸甜的菠萝的组合，充满了南洋风情。
- 请使用果汁含量100%的菠萝汁。
- 市售的椰奶有纸盒包装的也有罐头包装的。如果里面的液体有点凝固，可倒入耐热容器中，用微波炉以10秒为1次加热时长进行逐次加热，边观察状态边加热至熔化。

Ananas-Lait de coco
菠萝椰奶果冻

Jus de raisin
葡萄汁果冻 → p. 20

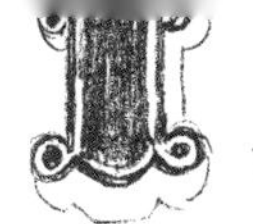

Jus de canneberge

蔓越莓汁果冻 → p. 21

Miel-Citron

蜂蜜柠檬果冻 → p. 21

Jus de raisin
葡萄汁果冻

材料（直径15cm固底圆形模具1个分）

吉利丁粉　15g
蛋黄　2个（约40g）
细砂糖　60g
牛奶　100mL
鲜奶油　100mL
葡萄汁　500mL
柠檬果汁　2小勺

葡萄汁
由全熟葡萄榨汁而得的产品。葡萄抗氧化能力强，还有着丰富的抗衰老的多酚成分。

做法

1. 6大勺水中撒入吉利丁粉搅拌混合，泡发10分钟左右。

2. 大碗中放入蛋黄，用手动打蛋器快速打散ⓐ，加入细砂糖，搅拌至整体颜色发白ⓑ。

3. 分2次加入牛奶，每次加入后均要搅拌混合ⓒ。一次性加入鲜奶油ⓓ，搅拌至全部材料完全混匀。

4. 锅中倒入葡萄汁，开中火加热，锅的边缘开始扑哧扑哧冒泡时关火。加入**1**的泡发好的吉利丁，用橡胶刮刀搅拌1分钟左右使材料充分溶化，再加入柠檬果汁搅拌混合。

5. 模具内侧用水稍微弄湿。**3**的大碗中加入**4**的材料ⓔ，大幅度地搅拌2～3次ⓕ，马上慢慢倒入模具中ⓖ，静置冷却。充分冷却后包上保鲜膜放入冰箱中，冷藏2小时以上使其凝固。

6. 果冻凝固后，用手指轻轻推挤果冻边缘制造出缝隙，然后把模具浸泡于热水中2～3秒。再轻轻按压果冻，让模具与果冻之间进入空气，将盘子倒扣在模具上然后整体翻转，轻轻摇晃脱去模具。

小贴士

- 加入蛋黄会增添浓郁的风味，让人体验到温润的口感。而剩余的蛋白则可以用于制作p.21中的“蔓越莓汁果冻”或“蜂蜜柠檬果冻”ⓗ。
- **5**的冷却过程中，若模具较大就需要花费较长时间。若浸泡在冰水中使其迅使降温，会导致果冻液未分层而直接凝固，所以必须在室温下静置冷却。

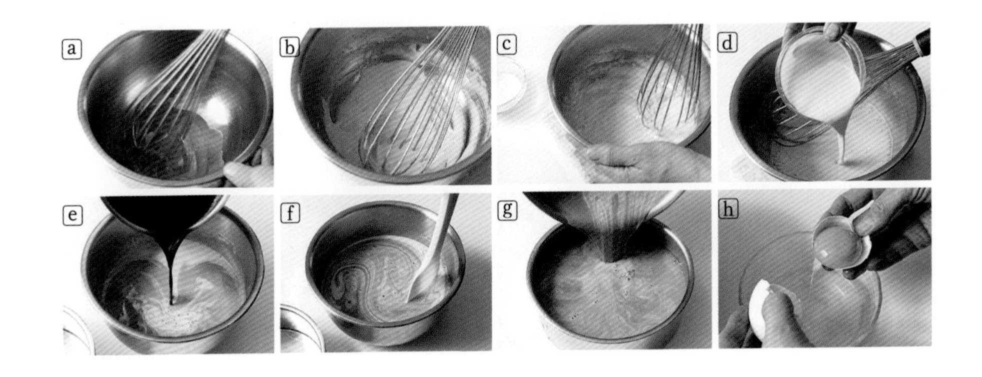

Jus de canneberge
蔓越莓汁果冻

材料（200mL玻璃杯3个分）

吉利丁粉　5g
蔓越莓汁　250mL
细砂糖　10g
柠檬果汁　1小勺
蛋白霜
　蛋白　1个分（约30g）
　细砂糖　30g
鲜奶油　50mL

蔓越莓汁
因为酸味较重，所以加入细砂糖等会比较好喝。含有丰富的维生素C和花青素。

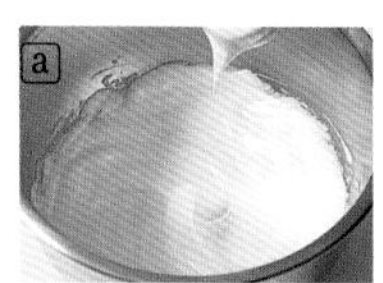

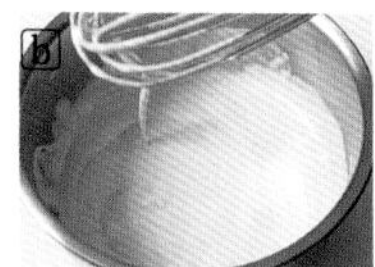

小贴士

- 加入蛋白霜会使果冻拥有如慕斯般轻柔的口感。

做法

1. 2大勺水中撒入吉利丁粉搅拌混合，泡发10分钟左右。
2. 锅中倒入蔓越莓汁和细砂糖，开中火加热，用橡胶刮刀搅拌使细砂糖溶化。
3. 锅的边缘开始扑哧扑哧冒泡时关火。加入1的泡发好的吉利丁，用橡胶刮刀搅拌1分钟左右使材料充分溶化，再加入柠檬果汁搅拌混合。
4. 制作蛋白霜。大碗中放入蛋白，用手持式电动搅拌器低速搅打30秒左右。加入细砂糖1/2的量，再高速搅打30秒左右直至发泡。加入剩余的细砂糖，继续打发30秒左右，再转低速继续打发1分钟左右。打发至蛋白霜表面有光泽、用搅拌器提起时呈小尖角挺立的状态就可以了ⓐ。
5. 一边一点一点慢慢加入鲜奶油，一边用手持式电动搅拌器低速地稍稍搅打30秒左右。所有材料混合在一起即可。
6. 加入3的材料，用手动打蛋器以从底部向上提拉的方式搅拌5～6次（不要搅拌得过于均匀）ⓑ。马上用长柄汤勺舀起等分地倒入玻璃杯中，静置冷却。充分冷却后包上保鲜膜放入冰箱中，冷藏2小时以上使其凝固。

Miel-Citron
蜂蜜柠檬果冻

材料（250mL玻璃杯3个分）

吉利丁粉　10g
柠檬果汁　4大勺
蜂蜜　80g
蛋白霜
　蛋白　2个分（约60g）
　细砂糖　40g
鲜奶油　100mL

蜂蜜
刺槐蜂蜜、莲花蜂蜜、三叶草蜂蜜等没有特殊味道的蜂蜜品种比较适宜。推荐使用纯度100%的产品。

小贴士

- 柠檬清爽的风味，让蜂蜜的柔和甜味更加突出。
- 因为蛋白霜容易消泡，所以最好马上与鲜奶油等混合。蛋白霜打发的状态参见“蔓越莓汁果冻”中的图片。

做法

1. 4大勺水中撒入吉利丁粉搅拌混合，泡发10分钟左右。
2. 锅中倒入200mL水、柠檬果汁、蜂蜜，开中火加热，用橡胶刮刀搅拌使蜂蜜与其他材料混合均匀。
3. 锅的边缘开始扑哧扑哧冒泡时关火。加入1的泡发好的吉利丁，用橡胶刮刀搅拌1分钟左右使材料充分溶化。
4. 制作蛋白霜。大碗中放入蛋白，用手持式电动搅拌器低速搅打30秒左右。加入细砂糖1/2的量，再高速搅打30秒左右直至发泡。加入剩余的细砂糖，继续打发30秒左右，再转低速继续打发1分钟左右。打发至蛋白霜表面有光泽、用搅拌器提起时呈小尖角挺立的状态就可以了。
5. 一边一点一点慢慢加入鲜奶油，一边用手持式电动搅拌器低速地稍稍搅打30秒左右。所有材料混合在一起即可。
6. 加入3的材料，用手动打蛋器以从底部向上提拉的方式搅拌5～6次（不要搅拌得过于均匀）。马上用长柄汤勺舀起等分地倒入玻璃杯中，静置冷却。充分冷却后包上保鲜膜放入冰箱中，冷藏2小时以上使其凝固。

Sirop de fraise

草莓糖浆果冻 → p. 24

Sirop de raisin
葡萄糖浆果冻→p. 24

Sirop de fraise
草莓糖浆果冻

材料（直径18cm天使蛋糕模具1个分）

草莓糖浆（容易制作的分量）

- 草莓 300g
- 细砂糖 300g
- 柠檬果汁 1大勺

吉利丁粉 10g

柠檬果汁 2小勺

鲜奶油 100mL

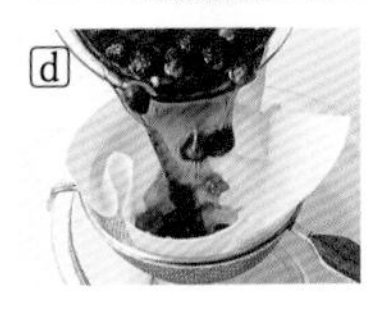

小贴士

·用于制作草莓糖浆的大碗、橡胶刮刀、密封罐等，为了防止细菌繁殖，必须用沸水消毒后再使用。剩余的糖浆用碳酸水（无糖）等兑制后再喝也非常美味。

做法

1. 制作草莓糖浆。大碗中放入草莓、细砂糖、柠檬果汁，用橡胶刮刀快速拌匀ⓐ，用保鲜膜包起，在阴暗凉爽之处（暖和的季节可放入冰箱的蔬果冷藏室中）静置1周左右ⓑ。草莓会渐渐析出水分，每天至少用橡胶刮刀搅拌混匀所有材料1次。水分充分析出后ⓒ，用已铺上厨房用纸的过滤网勺进行过滤ⓓ，过滤出的草莓糖浆预留200mL用于制作果冻。剩余的草莓糖浆倒入密封罐中，放入冰箱中冷藏保存（能存放1个月左右）。

2. 4大勺水中撒入吉利丁粉搅拌混合，泡发10分钟左右。

3. 锅中倒入200mL水和**1**的200mL草莓糖浆，开中火加热。锅的边缘开始扑哧扑哧冒泡时关火。加入**2**的泡发好的吉利丁，用橡胶刮刀搅拌1分钟左右使材料充分溶化，再加入柠檬果汁搅拌混合。

4. 模具内侧用水稍微弄湿。**3**的锅中加入鲜奶油，大幅度地搅拌2～3次，马上慢慢倒入模具中，静置冷却。充分冷却后包上保鲜膜放入冰箱中，冷藏2小时以上使其凝固。

5. 果冻凝固后，用手指轻轻推挤果冻边缘制造出缝隙，然后把模具浸泡于热水中2～3秒。再轻轻按压果冻，让模具与果冻之间进入空气，将盘子倒扣在模具上然后整体翻转，轻轻摇晃脱去模具。

Sirop de raisin
葡萄糖浆果冻

材料（150mL玻璃杯2个分）

葡萄糖浆（容易制作的分量）

- 葡萄 500g
- 细砂糖
  适量（200mL葡萄汁对应70g左右）
- 柠檬果汁
  适量（200mL葡萄汁对应1大勺左右）

吉利丁粉 5g

柠檬果汁 1小勺

鲜奶油 50mL

小贴士

·葡萄选用小颗粒的品种。保存糖浆的密封罐必须用沸水消毒后再使用。

做法

1. 制作葡萄糖浆。葡萄拆成一颗一颗的。锅中放入葡萄和200mL水，开中火加热，煮至葡萄变软开始脱皮时ⓐ，用已铺上厨房用纸的过滤网勺过滤ⓑ，分离开葡萄和葡萄汁。过滤好的葡萄汁计量后再倒回锅中，同时根据“材料”中标示的对应分量准备好细砂糖和柠檬果汁。

2. **1**的锅中倒入细砂糖，开中火加热，用橡胶刮刀搅拌使细砂糖溶化。

3. 煮沸后关火，加入柠檬果汁搅拌混合。倒入密封罐中，静置冷却。葡萄糖浆制作完成。预留出制作果冻用的120mL，剩余的放入冰箱中冷藏保存（能存放1个月左右）。

4. 2大勺水中撒入吉利丁粉搅拌混合，泡发10分钟左右。

5. 在另一个锅中倒入80mL水和**3**的120mL葡萄糖浆，开中火加热，锅的边缘开始扑哧扑哧冒泡时关火。加入**4**的泡发好的吉利丁，用橡胶刮刀搅拌1分钟左右使材料充分溶化，再加入柠檬果汁搅拌混合。

6. 加入鲜奶油，大幅度地搅拌2～3次，马上用长柄汤勺舀起等分地倒入玻璃杯中，静置冷却。充分冷却后包上保鲜膜放入冰箱中，冷藏2小时以上使其凝固。

Chocolat-Canneberge
巧克力蔓越莓果冻

材料（160mL玻璃杯2个分）

吉利丁粉　5g
巧克力（甜味）　20g
鲜奶油　50mL
蔓越莓汁　200mL
细砂糖　20g
柠檬果汁　1小勺

巧克力（甜味）
使用烘焙专用调温巧克力。稍带苦涩感的甜味型比较合适。推荐使用VALRHONA公司的"CARAQUE"或"GUANAJA"。

a

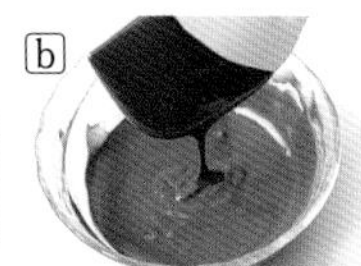
b

做法

1. 2大勺水中撒入吉利丁粉搅拌混合，泡发10分钟左右。

2. 巧克力切碎[a]。在耐热容器中加入鲜奶油和巧克力，用橡胶刮刀搅拌混合后，不要包保鲜膜，直接放入微波炉中加热30秒左右。取出后充分搅拌使巧克力熔化[b]，放入冰箱冷藏室中冷却。

3. 锅中倒入蔓越莓汁和细砂糖，开中火加热，用橡胶刮刀搅拌使细砂糖溶化。

4. 锅的边缘开始扑哧扑哧冒泡时关火。加入1的泡发好的吉利丁，搅拌1分钟左右使材料充分溶化，再加入柠檬果汁搅拌混合，静置适度散热。

5. 加入2的材料，大幅度地搅拌2～3次，马上用长柄汤勺舀起等分地倒入玻璃杯中，静置冷却。充分冷却后包上保鲜膜放入冰箱中，冷藏2小时以上使其凝固。

小贴士

- 用葡萄汁或橙汁来代替蔓越莓汁，依然会非常美味。
- 2的巧克力鲜奶油和4的液体，若太热时混合则无法分层。应在前者完全变凉且后者降至40℃左右时再互相混合。

Chocolat blanc-Orange
白巧克力橙子果冻

材料（160mL玻璃杯3个分）

吉利丁粉　5g
白巧克力　20g
橙汁　200mL
细砂糖　15g
柠檬果汁　1小勺
蛋白霜
　蛋白　1个分（约30g）
　细砂糖　15g
鲜奶油　50mL

白巧克力
使用烘焙专用调温巧克力。推荐使用有着醇厚质感的VALRHONA公司的"IVOIRE"。

橙汁
酸味与甜味完美组合，喝起来口感清爽。富含维生素C，还可预防感冒及缓解精神紧张。

小贴士

- 极其甜蜜的白巧克力搭配带着酸味的橙汁，口感会更清爽。

做法

1. 2大勺水中撒入吉利丁粉搅拌混合，泡发10分钟左右。

2. 白巧克力切碎。放入耐热容器中，不要包保鲜膜，直接放入微波炉中加热30～40秒，用橡胶刮刀充分搅拌使巧克力熔化。

3. 锅中倒入橙汁和细砂糖，开中火加热，用橡胶刮刀搅拌使细砂糖溶化。

4. 锅的边缘开始扑哧扑哧冒泡时关火。加入1的泡发好的吉利丁，搅拌1分钟左右使材料充分溶化，再加入柠檬果汁搅拌混合。

5. 制作蛋白霜。大碗中放入蛋白，用手持式电动搅拌器低速搅打30秒左右。加入细砂糖1/2的量，再高速搅打30秒左右直至发泡。加入剩余的细砂糖，继续打发30秒左右，再转低速继续打发1分钟左右。打发至蛋白霜表面有光泽、用搅拌器提起时呈小尖角挺立的状态就可以了。

6. 一边一点一点慢慢加入鲜奶油，一边用手持式电动搅拌器低速地稍稍搅打。加入2的白巧克力，同样低速地稍稍搅打。所有材料混合在一起即可。

7. 再加入4的材料，用手动打蛋器以从底部向上提拉的方式搅拌5～6次（不要搅拌得过于均匀）。马上用长柄汤勺舀起等分地倒入玻璃杯中，静置冷却。充分冷却后包上保鲜膜放入冰箱中，冷藏2小时以上使其凝固。

Chocolat-Canneberge
巧克力蔓越莓果冻 →p.25

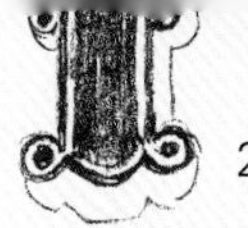

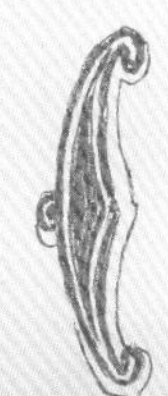

Chocolat blanc-Orange

白巧克力橙子果冻 →p. 25

Orange frais

新鲜橙子果冻 →p. 30

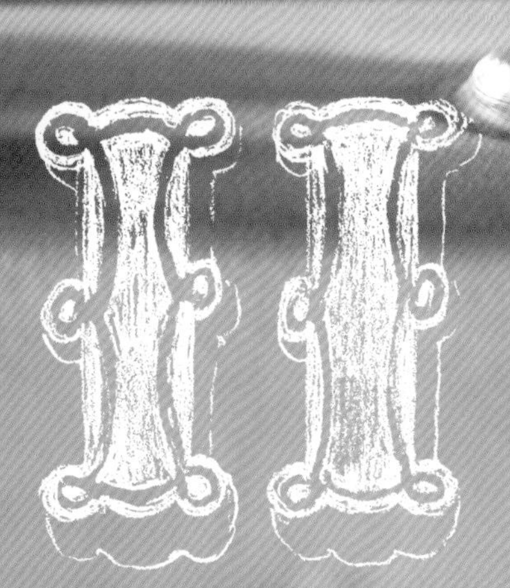

升级版魔法果冻

▶以魔法果冻的基本做法为基础，再加入水果或花朵来做提升。因为美观华丽，所以家庭聚会时用来款待客人再合适不过了。

▶p.41“白桃果冻”、p.42“玫瑰果冻”、p.44“苹果玫瑰果冻”、p.46“樱花果冻”、 p.48“食用花果冻”等的食谱中，分2次加入果冻液，可以做出3层的效果。

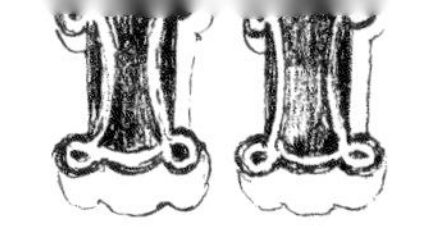

Gâteau au fromage à l'orange

橙子芝士蛋糕风味果冻 → p. 30

新鲜橙子果冻

材料（150mL玻璃杯2个分）

吉利丁粉　5g
橙子　约3个（果汁和果肉共200g）
细砂糖　20g
柠檬果汁　1小勺
鲜奶油　50mL

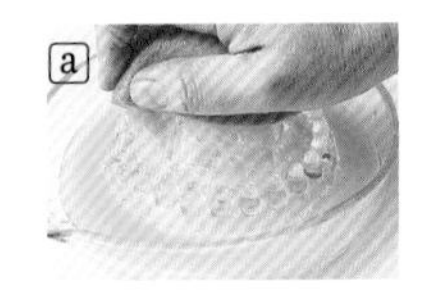

做法

1. 2大勺水中撒入吉利丁粉搅拌混合，泡发10分钟左右。

2. 橙子横切成两半，用榨汁器榨出果汁ⓐ，连同榨汁器内附着的果肉一起共称量出200g。

3. 锅中倒入**2**的橙子果汁和果肉，加入细砂糖后开中火加热，用橡胶刮刀搅拌使细砂糖溶化。

4. 锅的边缘开始扑哧扑哧冒泡时关火。加入**1**的泡发好的吉利丁，搅拌1分钟左右使材料充分溶化，再加入柠檬果汁搅拌混合。

5. 加入鲜奶油，大幅度地搅拌2～3次，马上用长柄汤勺舀起等分地倒入玻璃杯中，静置冷却。充分冷却后包上保鲜膜放入冰箱中，冷藏2小时以上使其凝固。

小贴士

・加入满满的橙子果汁及果肉，口感更为丰富。也可以用其他的柑橘类水果来制作。

橙子芝士蛋糕风味果冻

材料（400mL玻璃容器1个分）

吉利丁粉　5g
马斯卡彭奶酪　50g
细砂糖　10g＋10g
鲜奶油　50mL
橙汁　200mL
柠檬果汁　1小勺
橙子　适量

马斯卡彭奶酪
没有完全发酵熟成的新鲜奶酪。口感与稍硬的植物性鲜奶油类似。没有什么特殊气味，有着清爽的酸味。

做法

1. 2大勺水中撒入吉利丁粉搅拌混合，泡发10分钟左右。

2. 大碗中放入马斯卡彭奶酪和10g细砂糖，用手动打蛋器充分搅拌。搅拌至细砂糖溶化后加入鲜奶油，搅拌至所有材料完全混合。

3. 锅中倒入橙汁和剩余的10g细砂糖，开中火加热，用橡胶刮刀搅拌使细砂糖溶化。

4. 锅的边缘开始扑哧扑哧冒泡时关火。加入**1**的泡发好的吉利丁，搅拌1分钟左右使材料充分溶化，再加入柠檬果汁搅拌混合。

5. **2**的大碗中加入**4**的材料，大幅度地搅拌2～3次。马上用长柄汤勺舀起慢慢倒入玻璃容器中，静置冷却。充分冷却后包上保鲜膜放入冰箱中，冷藏2小时以上使其凝固。

6. 橙子去除外皮及白色薄皮，只留果肉部分ⓐ，用刀插入橙瓣之间的白膜处，取出一瓣瓣的果肉ⓑ，放在**5**的果冻上。

小贴士

・有着如芝士蛋糕般醇厚顺滑的口感。因为使用的是马斯卡彭奶酪，所以不会感觉口味过于浓重，反而十分清爽。顶部装饰用的橙肉可以根据个人喜好选择是否使用。
・这款果冻非常柔软，所以不适合用需要脱模的模具来制作，必须使用玻璃器具。

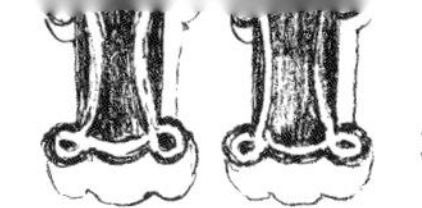

Limonade
柠檬水果冻

材料（80mL布丁模具4个分）

柠檬水（容易制作的分量）
- 柠檬　1个（100g）
- 细砂糖　100g

吉利丁粉　5g

鲜奶油　50mL

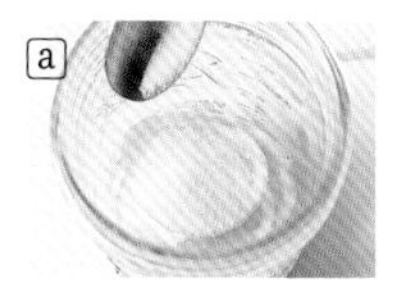

a

b

c

d

小贴士

- 请使用无农药、无防腐剂的柠檬。
- 剩余的柠檬水请放入冰箱中冷藏保存。为了防止细菌繁殖，保存用密封罐在使用前应用沸水消毒。剩余的柠檬水也可以兑碳酸水（无糖）饮用，也非常美味。保存期限为1周左右。

做法

1. 制作柠檬水。柠檬仔细洗干净外皮，连皮切成厚2～3mm的圆片，去掉籽。密封罐中放入2～3片柠檬，撒上适量的细砂糖，就这样交错地在密封罐中装入全部柠檬和细砂糖a。盖紧盖子，在阴暗凉爽之处（暖和的季节可放入冰箱的蔬果冷藏室中）静置1～2天b。待细砂糖完全溶化即制作完成c。

2. 2大勺水中撒入吉利丁粉搅拌混合，泡发10分钟左右。

3. 取**1**的柠檬水中的8片柠檬，用厨房用纸包裹拭干余水，模具内侧用水稍微弄湿后，每个模具中放入2片柠檬d。

4. 锅中放入150mL水和**1**的50mL柠檬水，开中火加热，锅的边缘开始扑哧扑哧冒泡时关火。加入泡发好的吉利丁，搅拌1分钟左右使材料充分溶化。

5. 加入鲜奶油，大幅度地搅拌2～3次，马上用长柄汤勺舀起等分地倒入模具中，静置冷却。充分冷却后包上保鲜膜放入冰箱中，冷藏2小时以上使其凝固。

6. 果冻凝固后，用手指轻轻推挤果冻边缘制造出缝隙，然后把模具浸泡于热水中2～3秒。再轻轻按压果冻，让模具与果冻之间进入空气，将盘子倒扣在模具上然后整体翻转，轻轻摇晃脱去模具。

Pamplemousse
葡萄柚果冻

材料（直径20cm玛格丽特蛋糕模具1个分）

吉利丁粉　20g

葡萄柚（粉色果肉）　小的3个（300g）

葡萄柚汁　600mL

细砂糖　90g

鲜奶油　150mL

葡萄柚汁
由成熟葡萄柚（白色果肉）榨汁而得的产品。有着清爽的香气与酸味，余味清新。

a

做法

1. 8大勺水中撒入吉利丁粉搅拌混合，泡发10分钟左右。

2. 取出葡萄柚的果肉，粗略拆散。用厨房用纸包裹拭干余水，均匀平铺在内侧已用水稍微弄湿的模具的底部a。

3. 锅中倒入葡萄柚汁和细砂糖，开中火加热，用橡胶刮刀搅拌使细砂糖溶化。

4. 锅的边缘开始扑哧扑哧冒泡时关火。加入泡发好的吉利丁，搅拌1分钟左右使材料充分溶化。加入鲜奶油，大幅度地搅拌2～3次，马上慢慢倒入**2**的模具中，静置冷却。充分冷却后包上保鲜膜放入冰箱中，冷藏2小时以上使其凝固。

5. 果冻凝固后，用手指轻轻推挤果冻边缘制造出缝隙，然后把模具浸泡于热水中2～3秒。再轻轻按压果冻，让模具与果冻之间进入空气，将盘子倒扣在模具上然后整体翻转，轻轻摇晃脱去模具。

小贴士

- 葡萄柚也可使用一般的白色果肉品种。
- 也可以使用直径18cm的固底圆形模具，但成品会比图片中稍高一些。

Limonade
柠檬水果冻 →p. 31

Pamplemousse

葡萄柚果冻

→p. 31

Sangria blanche
白色桑格利亚果冻

材料（250mL玻璃杯2个分）

吉利丁粉　5g
葡萄柚　35g
橘子　小的1/2个（35g）
苹果（带皮）　35g
葡萄柚汁　150mL
白葡萄酒　50mL
细砂糖　30g
柠檬果汁　1小勺
鲜奶油　50mL

做法

1. 2大勺水中撒入吉利丁粉搅拌混合，泡发10分钟左右。
2. 取出葡萄柚和橘子的果肉，粗略拆散，用厨房用纸包裹拭干水。苹果带皮切成边长约1cm的小块。全部等分地放入玻璃杯中。
3. 锅中加入葡萄柚汁、白葡萄酒、细砂糖，开中火加热，用橡胶刮刀搅拌使细砂糖溶化。
4. 锅的边缘开始扑哧扑哧冒泡时关火。加入 1 的泡发好的吉利丁，搅拌1分钟左右使材料充分溶化，再加入柠檬果汁搅拌混合。
5. 加入鲜奶油，大幅度地搅拌2～3次，马上用长柄汤勺舀起等分地倒入 2 的玻璃杯中，静置冷却。充分冷却后包上保鲜膜放入冰箱中，冷藏2小时以上使其凝固。

小贴士

- 加入了白葡萄酒，是适合大人的魔法果冻。葡萄、莓果类、柑橘类的水果都比较适合用来制作。可以根据喜好改变各种水果的比例，只要果肉总计为105g即可。

Sangria rouge
红色桑格利亚果冻

材料（160mL玻璃杯2个分）

A

- 草莓　小的8个（80g）
- 桃红葡萄酒　1小勺
- 细砂糖　3g

吉利丁粉　5g

B

- 桃红葡萄酒　150mL
- 细砂糖　40～45g

柠檬果汁　2小勺

鲜奶油　50mL

做法

1. 大碗中加入**A**的材料后用橡胶刮刀搅拌混合，紧贴着材料表面覆盖保鲜膜，静置1小时左右。取出草莓，用厨房用纸拭干汁水，等分地放入玻璃杯中。剩下的浆汁倒入计量杯中，加适量的水补足至50mL。
2. 2大勺水中撒入吉利丁粉搅拌混合，泡发10分钟左右。
3. 锅中倒入1的50mL浆汁和**B**的材料，开中火加热，用橡胶刮刀搅拌使细砂糖溶化。
4. 锅的边缘开始扑哧扑哧冒泡时关火。加入2的泡发好的吉利丁，搅拌1分钟左右使材料充分溶化，再加入柠檬果汁搅拌混合。
5. 加入鲜奶油，大幅度地搅拌2～3次，马上用长柄汤勺舀起等分地倒入1的玻璃杯中，静置冷却。充分冷却后包上保鲜膜放入冰箱中，冷藏2小时以上使其凝固。

小贴士

- 桃红葡萄酒和草莓的华丽组合。桃红葡萄酒风味的草莓味道十分美妙。可根据葡萄酒的甜度来调整**B**中细砂糖的分量。

Fruits rouges
综合莓果果冻 → p. 38

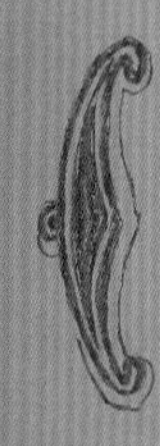

Prunes marinées

日式梅干果冻 →p. 38

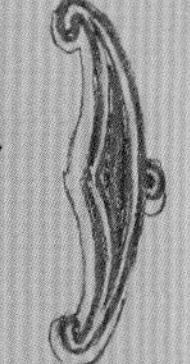

Fruits rouges
综合莓果果冻

材料（150mL玻璃杯2个分）

吉利丁粉　3g

综合莓果（冷冻）　100g

细砂糖　30g

柠檬果汁　1小勺

鲜奶油　50mL

综合莓果（冷冻）
包含树莓、蓝莓、黑莓等的产品。不同品牌所含的莓果品种会有所不同。

做法

1. 1大勺水中撒入吉利丁粉搅拌混合，泡发10分钟左右。

2. 锅中加入100mL水、冷冻的综合莓果、细砂糖，开中火加热，用橡胶刮刀搅拌使细砂糖溶化ⓐ。

3. 锅的边缘开始扑哧扑哧冒泡时关火。加入1的泡发好的吉利丁，搅拌1分钟左右使材料充分溶化，再加入柠檬果汁搅拌混合。

4. 加入鲜奶油，大幅度地搅拌2～3次，马上用长柄汤勺舀起等分地倒入玻璃杯中，静置冷却。充分冷却后包上保鲜膜放入冰箱中，冷藏2小时以上使其凝固。

小贴士

- 综合莓果让口感更加丰富。这里使用的是冷冻莓果，当然也可以使用新鲜莓果。
- 搅拌溶化细砂糖时，综合莓果也会溶出漂亮的紫色。
- 吉利丁粉若使用5g则成品会太硬，所以减少至3g。
- 这款果冻非常柔软，所以不适合用需要脱模的模具来制作，必须使用玻璃器具。

Prunes marinées
日式梅干果冻

材料（150mL玻璃杯2个分）

梅干糖浆

- 梅干　2个（30g）
- 细砂糖　50g

吉利丁粉　5g

鲜奶油　50mL

日式梅干
推荐使用弹性与软硬度恰到好处的红色的品种。能在享受口感的同时，欣赏漂亮的颜色。盐分含量根据自己的喜好来选择即可。

做法

1. 制作梅干糖浆。用竹签在梅干不同位置上扎几下。锅中放入梅干，再倒入能没过梅干的水，开中火加热，沸腾后用过滤网勺捞起梅干沥干水。

2. 另取一锅放入梅干，加入200mL水和细砂糖，开中火加热，用橡胶刮刀搅拌使细砂糖溶化。沸腾后转小火，继续煮10分钟左右后关火，静置冷却。梅干糖浆制作完成。

3. 2大勺水中撒入吉利丁粉搅拌混合，泡发10分钟左右。

4. 取出2的梅干糖浆中的梅干，用厨房用纸拭干水，等分地放入玻璃杯中。计量出200mL糖浆，若不足添加适量的水补足至200mL。

5. 锅中加入4的200mL糖浆，开中火加热，锅的边缘开始扑哧扑哧冒泡时关火。加入3的泡发好的吉利丁，搅拌1分钟左右使材料充分溶化。

6. 加入鲜奶油，大幅度地搅拌2～3次，马上用长柄汤勺舀起等分地倒入4的玻璃杯中，静置冷却。充分冷却后包上保鲜膜放入冰箱中，冷藏2小时以上使其凝固。

小贴士

- 梅干的酸味与咸味有着很好的平衡。享用时建议捣碎果肉。
- 用竹签在梅干不同位置上扎几下，是为了煮去多余的盐分。但扎太多下可能导致果肉破裂，要特别注意。

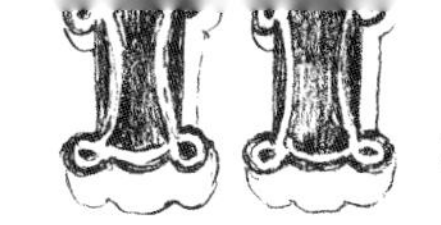

Ananas-Tapioca
菠萝珍珠圆子果冻

材料（150mL玻璃杯2个分）

吉利丁粉　5g
菠萝汁　150mL
可尔必思（5倍稀释型）　60mL
柠檬果汁　1小勺
鲜奶油　50mL
珍珠圆子（小颗，干燥）　5g
罐头菠萝（圆片）　20g
椰奶酱
- 椰奶　1大勺
- 牛乳　1大勺
- 细砂糖　3g

珍珠圆子
由热带植物木薯做成的淀粉加工而成的小圆球状的产品。这里使用比较迷你的珍珠圆子，与热带水果搭配非常合适。

做法

1. 2大勺水中撒入吉利丁粉搅拌混合，泡发10分钟左右。

2. 锅中加入菠萝汁和可尔必思，开中火加热，锅的边缘开始扑哧扑哧冒泡时关火。加入**1**的泡发好的吉利丁，搅拌1分钟左右使材料充分溶化，再加入柠檬果汁搅拌混合。

3. 加入鲜奶油，大幅度地搅拌2～3次，马上用长柄汤勺舀起等分地倒入玻璃杯中，静置冷却。充分冷却后包上保鲜膜放入冰箱中，冷藏2小时以上使其凝固。

4. 锅中加入珍珠圆子，再倒入能没过材料的水，开中火加热，沸腾后再继续煮10分钟左右关火，静置10分钟。待珍珠圆子变透明，用过滤网勺捞起沥干水。罐头菠萝切成边长约1cm的块，用厨房用纸拭干汁水。

5. 制作椰奶酱。大碗中加入所有材料，用手动打蛋器搅拌至细砂糖完全溶化。

6. **3**的玻璃杯中等分地放入**4**的珍珠圆子和菠萝，再等分地浇上**5**的椰奶酱。

小贴士

・热带风情的魔法果冻。加入珍珠圆子后更突显口感的层次变化。

Pêche blanche
白桃果冻

材料（260mL玻璃杯3个分）

吉利丁粉　10g
鲜奶油　100mL
原味酸奶（无糖）　60g
石榴糖浆　120mL
柠檬果汁　4小勺
罐头白桃（对半切状）　2个（170g）

石榴糖浆
石榴风味的糖浆。一般用于与利口酒搭配制作鸡尾酒，或者直接兑碳酸水饮用。

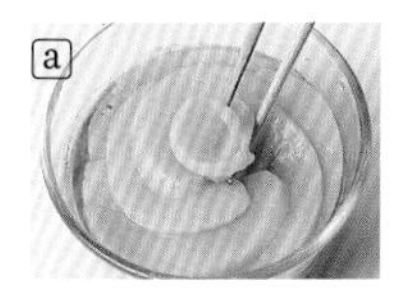

a

b

小贴士

・白桃果肉摆成玫瑰形状更显华丽。取出的果冻液要轻轻地倒在杯中的白桃上，以免破坏白桃的玫瑰形状，最终做出漂亮的3层的魔法果冻。

做法

1. 4大勺水中撒入吉利丁粉搅拌混合，泡发10分钟左右。

2. 大碗中倒入鲜奶油和原味酸奶，用手动打蛋器搅拌混合。

3. 锅中倒入360mL水和石榴糖浆，开中火加热，锅的边缘开始扑哧扑哧冒泡时关火。加入**1**的泡发好的吉利丁，用橡胶刮刀搅拌1分钟左右使材料充分溶化，再加入柠檬果汁搅拌混合。取出8大勺的果冻液，放入耐热容器中备用。

4. **2**的大碗中加入**3**的剩余的材料，大幅度地搅拌2～3次。马上用长柄汤勺舀起等分地倒入玻璃杯中，静置冷却。充分冷却后包上保鲜膜放入冰箱冷藏室中备用。

5. 罐头白桃横切成厚3mm的片，用厨房用纸拭干汁水。

6. 把**5**的白桃一片一片稍稍错开地从外向内（外侧使用较大片的）均匀叠放在**4**的玻璃杯中的果冻上。中心处放上一片卷成花瓣形状的白桃ⓐ。

7. 将**3**的耐热容器放入微波炉中，以10秒为1次加热时长进行逐次加热，其间注意观察，不要让果冻液加热至沸腾。用长柄汤勺舀起等分地倒入**6**的玻璃杯中ⓑ，包好保鲜膜放入冰箱中，冷藏2小时以上使其凝固。

Ananas-Tapioca
菠萝珍珠圆子果冻 → p. 39

Pêche blanche

白桃果冻 →p. 39

Rose 玫瑰果冻

材料（100mL果冻模具4个分）

吉利丁粉　8g
柠檬果汁　2大勺
细砂糖　60g
玫瑰花瓣（干燥）　5g
鲜奶油　50mL

玫瑰花瓣（干燥）
可食用玫瑰干燥之后得到的花果茶产品。如果有花萼请去除，只使用花瓣的部分。

做法

1. 3大勺水中撒入吉利丁粉搅拌混合，泡发10分钟左右。

2. 锅中加入300mL水、柠檬果汁、细砂糖、玫瑰花瓣，开中火加热，用橡胶刮刀搅拌使细砂糖溶化[a]。

3. 锅的边缘开始扑哧扑哧冒泡时关火。盖上盖子闷3分钟左右[b]。

4. 加入1的泡发好的吉利丁[c]，搅拌1分钟左右使材料充分溶化。

5. 4的玫瑰浆汁取出100g（连同花瓣一起）倒入大碗中[d]，碗底浸泡于冰水中，搅拌至呈浓稠状[e]。

6. 模具内侧用水稍微弄湿[f]，用长柄汤勺将5的材料等分地倒入[g]，用保鲜膜包好放入冰箱冷藏室中。表面凝固后再取出待用。

7. 将4的剩余的材料（如果出现凝固可隔热水加热熔化）用过滤网勺过滤到大碗中[h]，静置散热至40℃左右。

8. 加入鲜奶油，大幅度地搅拌2～3次[i]，马上用长柄汤勺舀起等分地倒入6的模具中[j]，静置冷却。充分冷却后包上保鲜膜放入冰箱中，冷藏2小时以上使其凝固。

9. 果冻凝固后，手指轻轻推挤果冻边缘制造出缝隙，然后把模具浸泡于热水中2～3秒。再轻轻按压果冻，让模具与果冻之间进入空气，将盘子倒扣在模具上然后整体翻转，轻轻摇晃脱去模具。

小贴士

- 吃进口中玫瑰香气会蔓延开来的甜美魔法果冻。分2次倒入果冻液，就变成了3层。
- 7的材料一定要降温至40℃左右。如果趁热倒入模具中，前面已经凝固的果冻就会熔化。

Rose de pomme
苹果玫瑰果冻

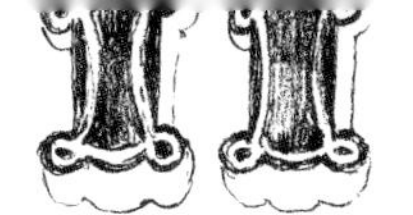

材料（150mL布丁模具4个分）

苹果玫瑰

- 苹果（带皮） 纵切1/2个（100g）
- 细砂糖 30g
- 柠檬果汁 1小勺

吉利丁粉 10g

细砂糖 30g

柠檬果汁 1小勺

蛋白霜

- 蛋白 1个分（约30g）
- 细砂糖 30g

鲜奶油 50mL

小贴士

- 用苹果做出玫瑰形状的美妙魔法果冻。分2次倒入果冻液，就变成了3层。
- 苹果可选择红玉品种，这样成品会带有非常漂亮的粉红色。其他品种也可以，但要选择稍微硬些的品种。
- 3中做好的苹果玫瑰若放入冷冻室中超过30分钟而冷冻过度，会导致第2次倒入的果冻液无法分层。所以若放入冷冻室中超过30分钟，就需先常温下放置到半解冻程度。

做法

1. 制作苹果玫瑰。苹果带皮纵切成两半，去掉果核，切成厚约2mm的银杏叶状的片a。

2. 耐热容器中加入**1**的苹果，均匀撒上细砂糖覆盖苹果表面，加入100mL水和柠檬果汁b。用保鲜膜包好放入微波炉中加热3分钟左右c，取出后用保鲜膜紧贴着苹果表面包裹好，静置冷却d。

3. 沥干苹果的汁水（浆汁先放置一边待用），取1/4量的苹果，一片一片地排放在铺了厨房用纸的砧板上e，然后从一端开始向另一端卷起f，做出玫瑰的形状g。苹果玫瑰制作完成。剩余的苹果也以同样的方法制作出3个苹果玫瑰。置于方盘上放入冷冻室中，冷冻30分钟左右使其变硬h。

4. 4大勺水中撒入吉利丁粉搅拌混合，泡发10分钟左右。

5. 模具内侧用水稍微弄湿，把**3**的苹果玫瑰倒着放入每个模具中i，放入冰箱冷藏室中待用。

6. **3**中滤出的浆汁加入适量的水补足至300mL，全部倒入锅中。加入细砂糖，开中火加热，用橡胶刮刀搅拌使细砂糖溶化。

7. 锅的边缘开始扑哧扑哧冒泡时关火。加入**4**的泡发好的吉利丁，搅拌1分钟左右使材料充分溶化。

8. **7**的果冻液取出100g放入大碗中，碗底浸泡于冰水中，搅拌至呈浓稠状。

9. **8**的材料用长柄汤勺等分地倒入**5**的模具中j，用保鲜膜包好放入冰箱冷藏室中。表面凝固后从冰箱中取出待用。

10. **7**的剩余的材料（如果出现凝固可隔热水加热熔化）中加入柠檬果汁搅拌混合，静置散热至40℃左右。

11. 制作蛋白霜。大碗中放入蛋白，用手持式电动搅拌器低速搅打30秒左右。加入细砂糖1/2的量，再高速搅打30秒左右直至发泡。加入剩余的细砂糖，继续打发30秒左右，再转低速继续打发1分钟左右。打发至蛋白霜表面有光泽、用搅拌器提起时呈小尖角挺立的状态就可以了。

12. 一边一点一点慢慢加入鲜奶油，一边用手持式电动搅拌器低速地稍稍搅打。搅打至整体顺滑即可。

13. 加入**10**的材料，用手动打蛋器以从底部向上提拉的方式搅拌5～6次（不要搅拌得过于均匀）。马上用长柄汤勺舀起等分地倒入**9**的模具中，静置冷却。充分冷却后包上保鲜膜放入冰箱中，冷藏2小时以上使其凝固。

14. 果冻凝固后，用手指轻轻推挤果冻边缘制造出缝隙，然后把模具浸泡于热水中2～3秒。再轻轻按压果冻，让模具与果冻之间进入空气，将盘子倒扣在模具上然后整体翻转，轻轻摇晃脱去模具。

Cerisier
樱花果冻

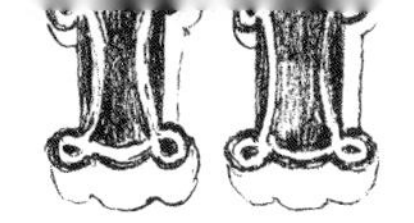

材料（直径18㎝天使蛋糕模具1个分）

吉利丁粉　15g
樱花（盐渍）　20g
细砂糖　50g
柠檬果汁　2小勺
鲜奶油　50mL
炼乳（加糖）　10g
蛋白霜
　蛋白　1个分（约30g）
　细砂糖　20g

樱花（盐渍）
樱花用盐腌渍而得到的产品。一般用于制作和果子，能品尝到樱花独特的香气。因为含盐分比较多，须洗后再使用。

炼乳（加糖）
牛奶中加入砂糖后浓缩而成，味道十分浓厚醇香。因富含糖分而保存期限长。

做法

1. 6大勺水中撒入吉利丁粉搅拌混合，泡发10分钟左右。樱花用水清洗以去除盐分，然后沥干水，去除花茎和花萼。

2. 锅中加入400mL水和细砂糖，开中火加热，用橡胶刮刀搅拌使细砂糖溶化。

3. 锅的边缘开始扑哧扑哧冒泡时关火。加入泡发好的吉利丁，搅拌1分钟左右使材料充分溶化。

4. **3**的材料取出200g放入大碗中ⓐ，再加入**1**的樱花，碗底浸泡于冰水中，搅拌至呈浓稠状ⓑ。

5. 模具内侧用水稍微弄湿ⓒ，慢慢倒入**4**的材料ⓓ，用保鲜膜包好放入冰箱冷藏室中。表面凝固后从冰箱中取出待用。

6. **3**的剩余材料（如果出现凝固可隔热水加热熔化）中加入柠檬果汁搅拌混合，静置散热至40℃左右。

7. 大碗中倒入鲜奶油和炼乳，用手动打蛋器充分搅拌混合。

8. 制作蛋白霜。另取一个大碗放入蛋白，用手持式电动搅拌器低速搅打30秒左右。加入细砂糖1/2的量，再高速搅打30秒左右直至发泡。加入剩余的细砂糖，继续打发30秒左右，再转低速继续打发1分钟左右。打发至蛋白霜表面有光泽、用搅拌器提起时呈小尖角挺立的状态就可以了。

9. 一边一点一点慢慢加入**7**的材料，一边用手持式电动搅拌器低速地稍稍搅打。搅打至整体顺滑即可。

10. 加入**6**的材料，用手动打蛋器以从底部向上提拉的方式搅拌5～6次（不要搅拌得过于均匀）。马上用长柄汤勺舀起等分地倒入**5**的模具中，静置冷却。充分冷却后包上保鲜膜放入冰箱中，冷藏2小时以上使其凝固。

11. 果冻凝固后，用手指轻轻推挤果冻边缘制造出缝隙，然后把模具浸泡于热水中2～3秒。再轻轻按压果冻，让模具与果冻之间进入空气，将盘子倒扣在模具上然后整体翻转，轻轻摇晃脱去模具。

小贴士

- 漂亮的樱花层与加入蛋白霜的2层的魔法果冻组合起来，打造出3层的美味果冻。
- 若以普通的魔法果冻制作方法来添加樱花，那么樱花在鲜奶油层中就会看不清楚。所以在制作中要先取出部分果冻液，加入樱花后让其先凝固，使樱花停留在透明层。
- 樱花残留的少许盐分，能起到提味的效果。鲜奶油中加入炼乳，让奶味变得更醇厚。

a

b

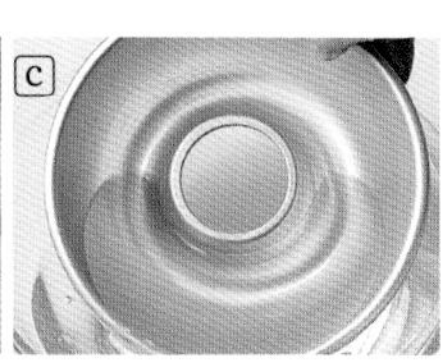
c

d

Fleurs comestibles
食用花果冻

材料（直径12㎝固底圆形模具1个分）

吉利丁粉　15g
苹果汁　250mL
细砂糖　40g
食用花　3g
柠檬果汁　2小勺
蛋白霜
- 蛋白　1个分（约30g）
- 细砂糖　20g

鲜奶油　50mL

食用花
直接可以食用的生鲜食用花。根据季节不同可享用到不同种类的花。可以在大型超市、水果店及百货公司等处购买。

做法

1. 6大勺水中撒入吉利丁粉搅拌混合，泡发10分钟左右。

2. 锅中加入150mL水、苹果汁、细砂糖，开中火加热，用橡胶刮刀搅拌使细砂糖溶化。

3. 锅的边缘开始扑哧扑哧冒泡时关火。加入**1**的泡发好的吉利丁，搅拌1分钟左右使材料充分溶化。

4. **3**的材料取出200g放入大碗中，碗底浸泡于冰水中，搅拌至呈浓稠状。

5. 模具内侧用水稍微弄湿，慢慢倒入**4**的材料，将食用花倒着浸入果冻液中ⓐ，然后用保鲜膜包好放入冰箱冷藏室中。表面凝固后从冰箱中取出待用。

6. **3**的剩余材料（如果出现凝固可隔热水加热熔化）中加入柠檬果汁搅拌混合，静置散热至40℃左右。

7. 制作蛋白霜。大碗中放入蛋白，用手持式电动搅拌器低速搅打30秒左右。加入细砂糖1/2的量，再高速搅打30秒左右直至发泡 。加入剩余的细砂糖，继续打发30秒左右，再转低速继续打发1分钟左右。打发至蛋白霜表面有光泽、用搅拌器提起时呈小尖角挺立的状态就可以了。

8. 一边一点一点慢慢加入鲜奶油，一边用手持式电动搅拌器低速地稍稍搅打。搅打至整体顺滑即可。

9. 加入**6**的材料，用手动打蛋器以从底部向上提拉的方式搅拌5～6次（不要搅拌得过于均匀）。马上慢慢倒入**5**的模具中，静置冷却。充分冷却后包上保鲜膜放入冰箱中，冷藏2小时以上使其凝固。

10. 果冻凝固后，用手指轻轻推挤果冻边缘制造出缝隙，然后把模具浸泡于热水中2～3秒。再轻轻按压果冻，让模具与果冻之间进入空气，将盘子倒扣在模具上然后整体翻转，轻轻摇晃脱去模具。

小贴士

- 分2次倒入果冻液，就变成3层的果冻。食用花会有浮起的情况，所以在放入模具中时，要轻轻按压使其沉在果冻液中。
- 也可以使用直径18cm的天使蛋糕模具制作。

ⓐ

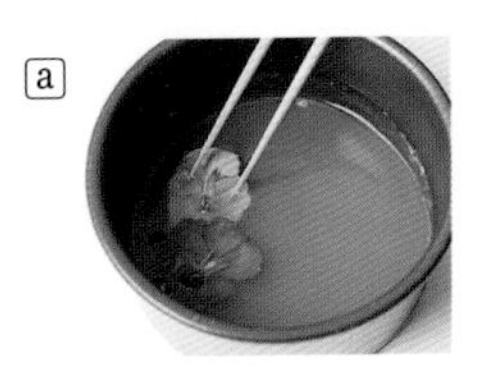

Ad Fig.
app. N°. 404.

III

前菜魔法果冻

▶以西式汤料和盐为基底的咸口魔法果冻，最适合在举办派对时作为前菜。

▶可以将肉类、鱼类与蔬菜等组合搭配。食材弄成小块会比较容易切分及食用。

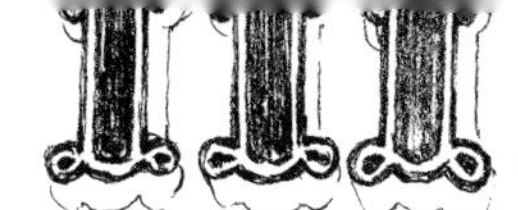

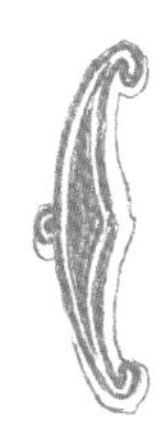

Coupe légumes cubes
切块蔬菜果冻

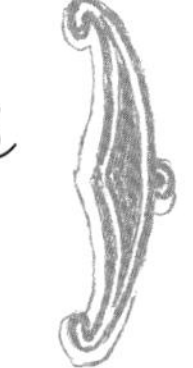

材料（180mL玻璃杯3个分）

吉利丁粉　5g
黄瓜　1/2根（50g）
红色甜椒　1/4个（50g）
黄色甜椒　1/4个（50g）
鸡蛋　1个
鲜奶油　50mL
西式汤料　3g
盐　少许
柠檬果汁　1小勺

西式汤料
也就是常说的西式清汤底料，块状或颗粒状的都可以。若使用块状汤料，先弄成小块后再使用。

做法

1. 2大勺水中撒入吉利丁粉搅拌混合，泡发10分钟左右。黄瓜和甜椒均切成边长5mm的块，等分地放入玻璃杯中ⓐ。

2. 大碗中打入鸡蛋，用手动打蛋器打散ⓑ，加入鲜奶油，搅拌至全部材料混合均匀ⓒ。

3. 锅中加入200mL水、西式汤料、盐，开中火加热，用橡胶刮刀搅拌使西式汤料和盐溶化。

4. 锅的边缘开始扑哧扑哧冒泡时关火。加入1的泡发好的吉利丁ⓓ，搅拌1分钟左右使材料充分溶化，再加入柠檬果汁ⓔ搅拌混合。

5. 2的大碗中加入4的材料ⓕ，大幅度地搅拌2～3次，马上用长柄汤勺舀起等分地倒入1的玻璃杯中ⓖ，静置冷却ⓗ。充分冷却后包上保鲜膜放入冰箱中，冷藏2小时以上使其凝固。

小贴士

- 加入鸡蛋，让味道更浓郁醇厚。
- 黄瓜和甜椒鲜嫩的口感是这款果冻的重点，也可以用其他能够生吃的蔬菜来替代。

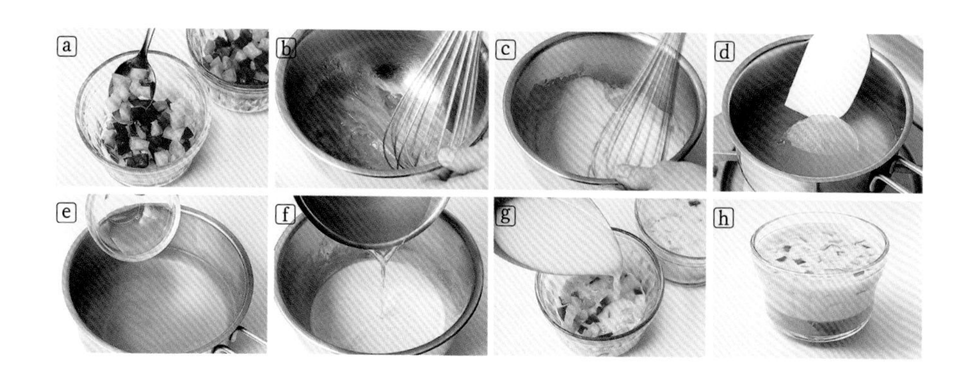

Saumon fumé-Aneth

三文鱼莳萝果冻 →p. 54

Poulet cuit à la vapeur-Tranches de légumes

鸡肉蔬菜薄片果冻 → p. 54

Saumon fumé-Aneth

三文鱼莳萝果冻

材料（长16cm磅蛋糕模具1个分）

吉利丁粉　5g

烟熏三文鱼（切薄片）　30g

莳萝　1枝

鲜奶油　50mL

原味酸奶（无糖）　20g

西式汤料　2g

盐　少许

柠檬果汁　1小勺

小贴士

- 脱模时直接提起保鲜膜来拉起果冻。有些磅蛋糕模具底部会有缝隙，所以必须铺上保鲜膜。
- 模具容量为500mL。也可以使用长18cm的磅蛋糕模具。
- 盐的分量可根据烟熏三文鱼的咸度进行调整。

做法

1. 2大勺水中撒入吉利丁粉搅拌混合，泡发10分钟左右。把烟熏三文鱼平铺在已铺好保鲜膜的模具中ⓐ。莳萝摘取叶子，切碎待用。
2. 大碗中倒入鲜奶油和原味酸奶，用手动打蛋器搅拌混合。
3. 锅中加入200mL水、西式汤料、盐，开中火加热，用橡胶刮刀搅拌使西式汤料和盐溶化。
4. 锅的边缘开始扑哧扑哧冒泡时关火。加入1的泡发好的吉利丁，搅拌1分钟左右使材料充分溶化，再加入柠檬果汁和莳萝混合搅拌。
5. 2的大碗中加入4的材料，大幅度地搅拌2～3次，马上慢慢倒入1的模具中，静置冷却。充分冷却后包上保鲜膜放入冰箱中，冷藏2小时以上使其凝固。

Poulet cuit à la vapeur-Tranches de légumes

鸡肉蔬菜薄片果冻

材料（直径12cm固底圆形模具1个分）

水煮鸡肉（市售）　50g

黄瓜　1/2根（50g）

胡萝卜　4～5cm（50g）

白萝卜　50g

盐　1/2小勺+少许

吉利丁粉　10g

西式汤料　5g

柠檬果汁　2小勺

鲜奶油　50mL

水煮鸡肉（市售）
图中为水煮鸡胸肉，已稍做调味，作为减肥食品而大受好评。也可以使用市售的烟熏鸡肉或水煮鸡里脊肉。

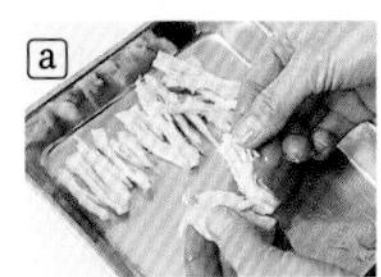
ⓐ

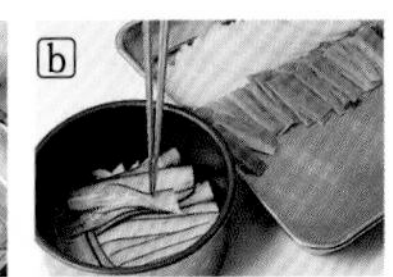
ⓑ

小贴士

- 与冰的白葡萄酒或起泡葡萄酒都非常搭配。
- 也可以使用直径15cm的固底圆形模具，但是成品的高度要比图中低一些。
- 为了让蔬菜更适于食用，撒上盐让其变软后再放入模具中。换成芜菁或洋葱也很美味。

做法

1. 水煮鸡肉撕成细条ⓐ。黄瓜和胡萝卜纵切成窄长的薄片。白萝卜切成半月形薄片。把切好的黄瓜、胡萝卜、白萝卜摆放在方盘中，撒上1/2小勺的盐，静置10分钟左右。变软后，分别用厨房用纸拭干水。模具内侧用水稍微弄湿，按照水煮鸡肉、黄瓜ⓑ、白萝卜、胡萝卜的顺序将材料叠加摆放在模具中。
2. 4大勺水中撒入吉利丁粉搅拌混合，泡发10分钟左右。
3. 锅中加入400mL水、西式汤料、少许盐后开中火加热，用橡胶刮刀搅拌使西式汤料和盐溶化。
4. 锅的边缘开始扑哧扑哧冒泡时关火。加入2的泡发好的吉利丁，搅拌1分钟左右使材料充分溶化。
5. 4的材料取出200g放入大碗中，碗底浸泡于冰水中，搅拌至呈浓稠状。
6. 5的材料慢慢倒入1的模具中，包上保鲜膜放入冰箱冷藏室中。表面凝固后从冰箱中取出待用。
7. 4的剩余材料（如果出现凝固可隔热水加热熔化）中加入柠檬果汁搅拌混合，静置冷却。
8. 加入鲜奶油，大幅度地搅拌2～3次，马上慢慢倒入6的模具中，静置冷却。充分冷却后包上保鲜膜放入冰箱中，冷藏2小时以上使其凝固。
9. 果冻凝固后，用手指轻轻推挤果冻边缘制造出缝隙，然后把模具浸泡于热水中2～3秒。再轻轻按压果冻，让模具与果冻之间进入空气，将盘子倒扣在模具上然后整体翻转，轻轻摇晃脱去模具。

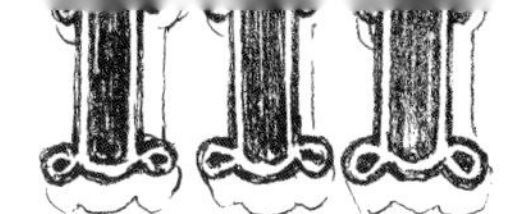

棋盘格风火腿西蓝花果冻

材料[19cm×13cm×3.5cm(高)方盘1个分]

吉利丁粉　10g
西蓝花　50g
花椰菜　50g
盐　少许+少许
秋葵　50g
番茄　50g
火腿(切厚片)　50g
西式汤料　5g
柠檬果汁　2小勺
鲜奶油　70mL

小贴士

- 食材切成小块，交错铺放如彩色棋盘格般的魔法果冻。也可使用与食谱不同的蔬菜制作，选择颜色不同的食材，搭配起来会非常漂亮。
- 也可使用边长15cm的正方形模具。
- 西蓝花和花椰菜切成与其他食材一样的大小即可。焯水时注意别煮得太软，口感上稍脆些更好。
- 在进行7的操作时，4的剩余材料如果出现凝固可隔热水加热熔化。

做法

1. 4大勺水中撒入吉利丁粉搅拌混合，泡发10分钟左右。
2. 西蓝花和花椰菜切成小朵。煮沸一锅水，撒入少许盐，按照西蓝花、花椰菜、秋葵的顺序放入材料，稍微焯一下后用过滤网勺捞起，沥干水后静置冷却。秋葵切成1cm长的短段。番茄切成边长1cm的小块，用厨房用纸拭干水。火腿切成边长1cm的小块。方盘内侧用水稍微弄湿，把食材颜色交错地铺放入方盘中。
3. 锅中加入400mL水、西式汤料、少许盐，开中火加热，用橡胶刮刀搅拌使西式汤料和盐溶化。
4. 锅的边缘开始扑哧扑哧冒泡时关火。加入1的泡发好的吉利丁，搅拌1分钟左右使材料充分溶化。
5. 4的材料取出100g放入大碗中，碗底浸泡于冰水中，搅拌至呈浓稠状。
6. 5的材料慢慢倒入2的方盘中，用保鲜膜包好放入冰箱冷藏室中。表面凝固后从冰箱中取出待用。
7. 4的剩余材料中加入柠檬果汁搅拌混合，静置冷却。
8. 加入鲜奶油，大幅度地搅拌2～3次，马上慢慢倒入6的方盘中，静置冷却。充分冷却后包上保鲜膜放入冰箱中，冷藏2小时以上使其凝固。
9. 果冻凝固后，用手指轻轻推挤果冻边缘制造出缝隙，然后把方盘浸泡于热水中2～3秒。再轻轻按压果冻，让方盘与果冻之间进入空气，将盘子倒扣在方盘上然后整体翻转，轻轻摇晃脱去方盘。

Tomates cerises-Mozzarella

樱桃番茄马苏里拉奶酪果冻

材料(150mL玻璃杯3个分)

吉利丁粉　5g
樱桃番茄　6个(80g)
罗勒叶　8片
马苏里拉奶酪　60g
蛋黄酱　1大勺
鲜奶油　50mL
西式汤料　3g
盐　少许
柠檬果汁　2小勺

小贴士

- 樱桃番茄、罗勒叶、马苏里拉奶酪等典型意式风味食材组合而成的魔法果冻。加入蛋黄酱后，口感更如奶油般顺滑。

做法

1. 2大勺水中撒入吉利丁粉搅拌混合，泡发10分钟左右。樱桃番茄纵切成两半。罗勒叶粗粗切碎。马苏里拉奶酪切成边长1cm的小块。将切好的樱桃番茄、罗勒叶、马苏里拉奶酪等分地放入玻璃杯中。
2. 大碗中放入蛋黄酱，然后一边一点一点慢慢加入鲜奶油，一边用手动打蛋器充分搅拌混合。
3. 锅中加入200mL水、西式汤料、盐，开中火加热，用橡胶刮刀搅拌使西式汤料和盐溶化。
4. 锅的边缘开始扑哧扑哧冒泡时关火。加入1的泡发好的吉利丁，搅拌1分钟左右使材料充分溶化，再加入柠檬果汁搅拌混合。
5. 2的大碗中倒入4的材料，大幅度地搅拌2～3次，马上用长柄汤勺舀起等分地倒入1的玻璃杯中，静置冷却。充分冷却后包上保鲜膜放入冰箱中，冷藏2小时以上使其凝固。

Jambon-Brocoli

棋盘格风火腿西蓝花果冻 →p. 55

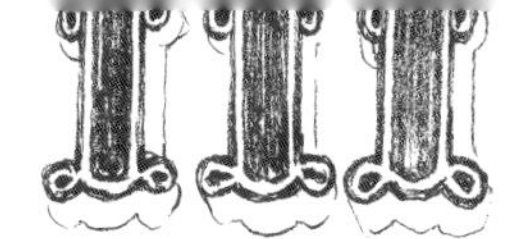

Tomates cerises-Mozzarella

樱桃番茄马苏里拉奶酪果冻 →p. 55

Expérience

使用棉花糖马上就能做好的魔法果冻

非常简单的魔法果冻，
竟然只用棉花糖和水就能制作。
虽然做出的果冻非常甜，但算是一道很有趣的食谱。

Guimauve
棉花糖果冻

材料（140mL玻璃杯2个分）

棉花糖　50g

做法

1. 用水洗去棉花糖表面的粉末ⓐ，沥干水。
2. 在耐热容器中放入棉花糖和40mL水ⓑ，用保鲜膜包好放入微波炉中加热30秒左右。用手动打蛋器一边捣碎棉花糖一边搅拌至溶化ⓒⓓ。
3. 马上用长柄汤勺舀起等分地倒入玻璃杯中ⓔ，静置冷却ⓕ。充分冷却后包上保鲜膜放入冰箱中，冷藏2小时以上使其凝固。

小贴士

- 改变液体的颜色，就可以做出色彩丰富的果冻。p.58图中左边紫色的使用了葡萄汁，右边橙色的使用了胡萝卜汁。
- 用微波炉加热时若时间过长，果冻液分层时会呈现绝大部分为半透明的状态，所以加热时请注意观察状态。
- 相反，若加热时间过短，果冻液分层时会大部分都变成白色的。根据微波炉的不同状态也会有所变化，所以要不断试验来找到最佳加热时间。

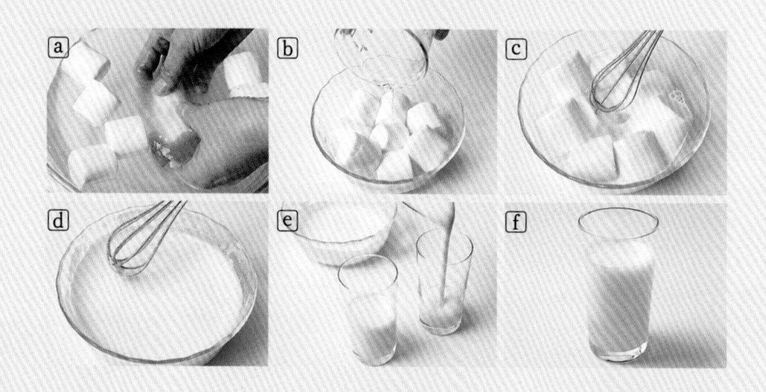

魔法气泡果冻

▶用碳酸水等气泡饮料制作果冻，制作过程中要将果冻液分成2份，一份搅拌至浓稠，一份搅拌至呈白色泡沫状。
可以做出看着如啤酒或香槟般的漂亮的魔法果冻。

▶使用碳酸水等气泡饮料，可以享受到泡沫在舌尖崩裂的口感。

▶这一部分的果冻不能用模具来制作，必须使用玻璃杯。

Bière
啤酒果冻 → p. 62

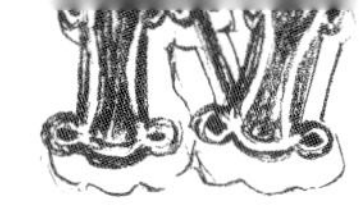

Champagne

香槟果冻 →p. 63

Bière 啤酒果冻

材料（150mL玻璃杯2个分）

姜汁汽水　100mL＋200mL

吉利丁粉　5g

细砂糖　10g

柠檬果汁　1小勺

姜汁汽水

富含生姜的香气，用焦糖着色的碳酸饮料。清爽的口感是其特点。根据生产商不同，有甜味的也有咸味的。

魔法气泡果冻的基本做法

1. 准备工作

姜汁汽水恢复至常温（约25℃）。2大勺水中撒入吉利丁粉搅拌混合，泡发10分钟左右。

・如果是将水倒入吉利丁粉中，可能出现混合不匀、难以完美泡发的情况，所以请务必将吉利丁粉撒入水中。

・姜汁汽水等饮料，如果在冰冷的状态下加入吉利丁液，吉利丁就会凝结成颗粒状态，所以要放置恢复至常温状态。

2. 溶化细砂糖

锅中倒入1的100mL姜汁汽水和细砂糖，开中火加热，用橡胶刮刀搅拌使细砂糖溶化。

・要仔细搅拌至完全没有细砂糖颗粒。

・在这个食谱中使用的是姜汁汽水，但大部分食谱中使用的是水。

3. 加入吉利丁

锅的边缘开始扑哧扑哧冒泡时关火。加入1的泡发好的吉利丁，搅拌1分钟左右使材料充分溶化。

・煮沸的状态下吉利丁难以凝固，所以必须在关火后再加入吉利丁。

4. 加入气泡饮料

3的材料移至大碗中，加入柠檬果汁，然后贴着大碗的边缘缓缓倒入1的200mL姜汁汽水，慢慢混合均匀。

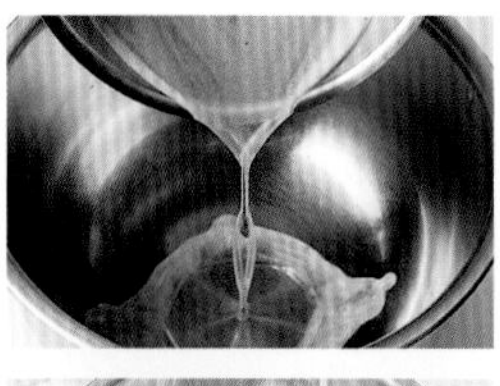

・也有不需要加入柠檬果汁的食谱。

・为了避免气泡饮料（在这个食谱中为姜汁汽水）的气泡消失，请缓慢倒入。搅拌时为了不让气泡消散，动作幅度大一些进行。

5. 果冻液分成2份

4的果冻液舀出4大勺放入另一个大碗中。

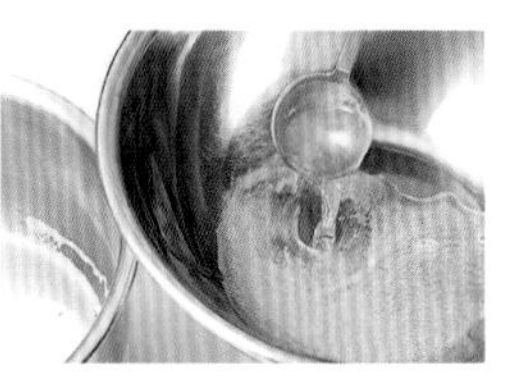

・分取出来的果冻液，在常温状态下静置待用。

小贴士

- 看起来很像啤酒，所以称为“啤酒果冻”，但其实完全不含酒精成分。
- 也可以使用辣味的生姜汽水来制作，刺激的口感或许更适合大人享用。

6. 一边冷却一边搅拌至浓稠

紧贴着4的剩余果冻液的表面覆盖保鲜膜，大碗底部贴着冰水，同时旋转大碗。时不时揭开保鲜膜并用橡胶刮刀搅拌果冻液，变得浓稠后马上用长柄汤勺舀起等分地倒入玻璃杯中，覆盖保鲜膜后放入冰箱冷藏室中。

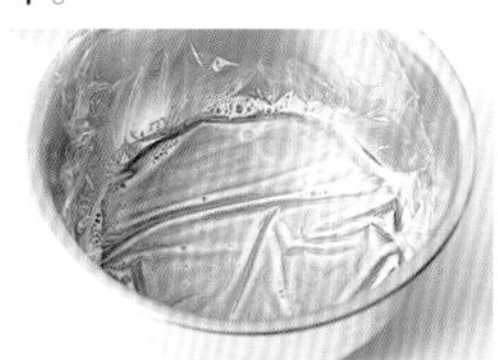

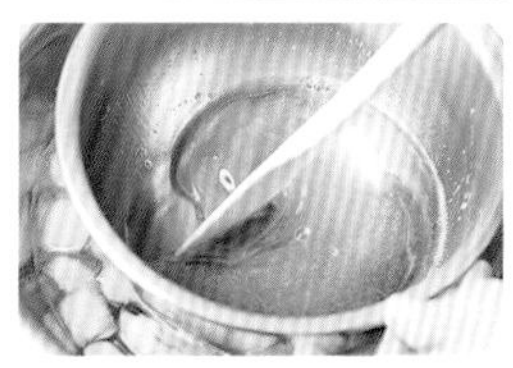

- 为了不让气泡消散，事先要在果冻液表面覆盖保鲜膜。
- 因为底部靠近冰水会更凉，所以要时不时搅拌一下使果冻液冷却均匀。这里的冰水在接下来的步骤中还要使用，所以先放置待用。
- 当果冻液变浓稠后，要尽快慢慢地倒入玻璃杯中。在进行7的操作时可先将果冻液放入冰箱冷藏室中。

7. 搅拌分取出的果冻液

5的盛放分取出的果冻液的大碗底部贴着冰水，用手动打蛋器搅拌果冻液。搅拌至整体呈细腻的泡沫状即可。

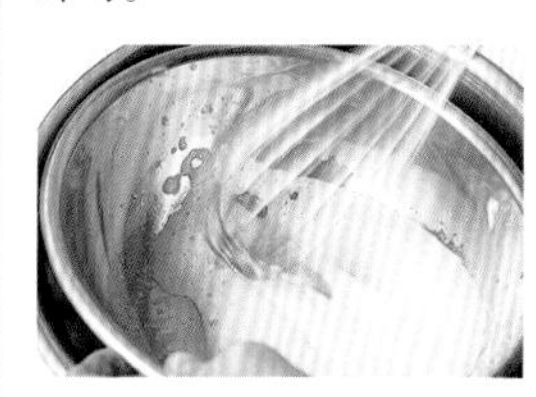

- 冰凉状态下更容易打发泡沫。快速搅拌能打发出细腻的泡沫。

8. 将泡沫盛在玻璃杯中，冷藏凝固

用勺子舀起7的泡沫等分地慢慢倒入6的玻璃杯中。用保鲜膜包好放入冰箱中，冷藏2小时以上使其凝固。

- 第一次倒入的果冻液表面没有凝固也没关系。马上把泡沫盛入杯中，放入冰箱中冷藏凝固。

Champagne
香槟果冻

材料（150mL玻璃杯3个分）

气泡葡萄酒　200mL
吉利丁粉　5g
细砂糖　30g
树莓　9个
蓝莓　9个

气泡葡萄酒
发泡性葡萄酒的总称。法国的香槟地区所生产的满足一定规定的气泡葡萄酒才能称为香槟。

做法

1. 气泡葡萄酒恢复至常温（约25℃）。2大勺水中撒入吉利丁粉搅拌混合，泡发10分钟左右。
2. 锅中倒入100mL水和细砂糖，开中火加热，用橡胶刮刀搅拌使细砂糖溶化。
3. 锅的边缘开始扑哧扑哧冒泡时关火。加入1的泡发好的吉利丁，搅拌1分钟左右使材料充分溶化。
4. 3的液体移至大碗中，然后贴着大碗的边缘缓缓倒入1的气泡葡萄酒，慢慢混合均匀。
5. 4的果冻液舀出4大勺放入另一个大碗中。
6. 4的剩余材料中加入树莓和蓝莓。紧贴着材料表面覆盖保鲜膜，大碗底部贴着冰水，同时旋转大碗。时不时揭开保鲜膜并用橡胶刮刀搅拌果冻液，变得浓稠后马上用长柄汤勺舀起等分地倒入玻璃杯中，覆盖保鲜膜后放入冰箱冷藏室中。
7. 5的盛放分取出的果冻液的大碗底部贴着冰水，用手动打蛋器搅拌果冻液。搅拌至整体呈细腻的泡沫状即可。
8. 用勺子舀起7的泡沫等分地慢慢倒入6的玻璃杯中。用保鲜膜包好放入冰箱中，冷藏2小时以上使其凝固。

小贴士

- 有着高级感的香槟风味果冻。水果还可以用草莓等代替，其他的莓果系水果也非常合适用来制作这款果冻。

Mojito
莫吉托果冻→p. 66

Cordial
甜香酒果冻 →p. 66

Mojito 莫吉托果冻

材料（160mL玻璃杯2个分）

碳酸水（无糖） 200mL
吉利丁粉 5g
朗姆酒（白） 1大勺
细砂糖 35g
薄荷叶 3g＋3g
青柠果汁 1小勺

朗姆酒（白）
以甘蔗糖蜜为原料的蒸馏酒。根据储藏方式等的不同，分为白朗姆酒、金朗姆酒、黑朗姆酒等几种。这次使用百加得（BACARDI）白朗姆酒。

小贴士

- 所谓的莫吉托，就是以朗姆酒为基底，加入薄荷和青柠的一种鸡尾酒。
- 给小孩子制作时，可以不加朗姆酒，口味就会变得像薄荷汽水一样。另外，用杜松子酒来代替朗姆酒也非常合适。

做法

1. 碳酸水恢复至常温（约25℃）。2大勺水中撒入吉利丁粉搅拌混合，泡发10分钟左右。
2. 锅中倒入50mL水、朗姆酒、细砂糖、3g薄荷叶，开中火加热，用橡胶刮刀搅拌使细砂糖溶化。
3. 锅的边缘开始扑哧扑哧冒泡时关火。用过滤网勺过滤到大碗中。加入1的泡发好的吉利丁，搅拌1分钟左右使材料充分溶化。
4. 加入青柠果汁，然后贴着大碗的边缘缓缓倒入1的碳酸水，慢慢混合均匀。
5. 4的果冻液舀出4大勺倒入另一个大碗中。
6. 4的剩余果冻液中加入剩下的3g薄荷叶。紧贴着果冻液表面覆盖保鲜膜，大碗底部贴着冰水，同时旋转大碗。时不时揭开保鲜膜并用橡胶刮刀搅拌果冻液，变得浓稠后马上用长柄汤勺舀起等分地倒入玻璃杯中，覆盖保鲜膜后放入冰箱冷藏室中。
7. 5的盛放分取出的果冻液的大碗底部贴着冰水，用手动打蛋器搅拌果冻液。搅拌至整体呈细腻的泡沫状即可。
8. 用勺子舀起7的泡沫等分地慢慢放入6的玻璃杯中。用保鲜膜包好放入冰箱中，冷藏2小时以上使其凝固。

Cordial 甜香酒果冻

材料（180mL的玻璃杯2个分）

碳酸水（无糖） 150mL
吉利丁粉 5g
甜香酒
（青柠和柠檬香茅口味，8倍稀释型） 70mL
青柠圆片 2片

甜香酒（cordial）
把水果和香草渍入糖浆中而制成的产品。可以用来制作鸡尾酒，也可以浇在酸奶和冰淇淋上调味。有各种不同的味道，可根据喜好选择。

小贴士

- 青柠的清香让人觉得十分爽快！
- 除了青柠和柠檬香茅口味的，其他口味的甜香酒也可以用于制作，但是根据厂商不同稀释倍数也会不同，所以请一边品尝味道一边调整用量。微微甜的程度就刚刚好。

做法

1. 碳酸水恢复至常温（约25℃）。2大勺水中撒入吉利丁粉搅拌混合，泡发10分钟左右。
2. 锅中倒入50mL水和甜香酒，开中火加热，锅的边缘开始扑哧扑哧冒泡时关火。加入1的泡发好的吉利丁，搅拌1分钟左右使材料充分溶化。
3. 2的材料移至大碗中，然后贴着大碗的边缘缓缓倒入1的碳酸水，慢慢混合均匀。
4. 3的果冻液舀出4大勺放入另一个大碗中。
5. 紧贴着3的剩余果冻液的表面覆盖保鲜膜，大碗底部贴着冰水，同时旋转大碗。时不时揭开保鲜膜并用橡胶刮刀搅拌果冻液，变得浓稠后马上用长柄汤勺舀起等分地倒入玻璃杯中，覆盖保鲜膜后放入冰箱冷藏室中。
6. 4的盛放分取出的果冻液的大碗底部贴着冰水，用手动打蛋器搅拌果冻液。搅拌至整体呈细腻的泡沫状即可。
7. 用勺子舀起6的泡沫等分地慢慢放入5的玻璃杯中。用保鲜膜包好放入冰箱中，冷藏2小时以上使其凝固。享用时将切好开口的青柠圆片插在杯口上作为装饰。

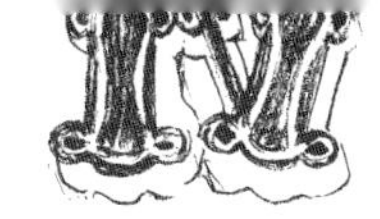

Eau pétillante au melon
网纹瓜汽水果冻

材料（150mL玻璃杯2个分）

碳酸水（无糖） 200mL
吉利丁粉 5g
刨冰专用糖浆（网纹瓜口味） 50mL
柠檬果汁 1小勺
鲜奶油 2大勺
罐头樱桃 2个

刨冰专用糖浆（网纹瓜口味）
网纹瓜口味的糖浆，除了用来制作刨冰，也可以兑碳酸水（无糖）或牛奶、鸡尾酒等饮用。还有草莓和柠檬等口味。

小贴士

- 以网纹瓜汽水为灵感的魔法果冻。刨冰专用糖浆可以根据自己的喜好来选择口味。

做法

1. 碳酸水恢复至常温（约25℃）。2大勺水中撒入吉利丁粉搅拌混合，泡发10分钟左右。
2. 锅中倒入30mL水和刨冰专用糖浆，开中火加热，锅的边缘开始扑哧扑哧冒泡时关火。加入1的泡发好的吉利丁，搅拌1分钟左右使材料充分溶化。
3. 2的材料移至大碗中，加入柠檬果汁，然后贴着大碗的边缘缓缓倒入1的碳酸水，慢慢混合均匀。
4. 3的果冻液舀出4大勺放入另一个大碗中，加入鲜奶油快速搅拌混合均匀。
5. 紧贴着3的剩余果冻液的表面覆盖保鲜膜，大碗底部贴着冰水，同时旋转大碗。时不时揭开保鲜膜并用橡胶刮刀搅拌果冻液，变得浓稠后马上用长柄汤勺舀起等分地倒入玻璃杯中，覆盖保鲜膜后放入冰箱冷藏室中。
6. 4的盛放分取出的果冻液的大碗底部贴着冰水，用手动打蛋器搅拌果冻液。搅拌至整体呈细腻的泡沫状即可。
7. 用勺子舀起6的泡沫等分地慢慢放入5的玻璃杯中。用保鲜膜包好放入冰箱中，冷藏2小时以上使其凝固。享用时放上罐头樱桃作为装饰。

Lait frappé
奶昔果冻

材料（180mL玻璃杯2个分）

吉利丁粉 5g
蛋黄 2个（约40g）
细砂糖 20g
牛奶 250mL
鲜奶油 2大勺

※此食谱中未使用气泡饮料，因其成品亦具有泡沫状分层而收入“魔法气泡果冻”部分中。

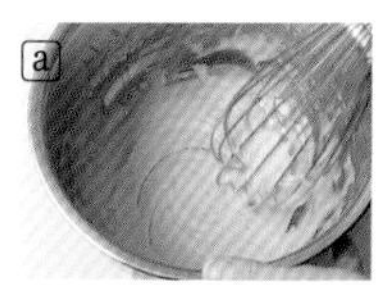

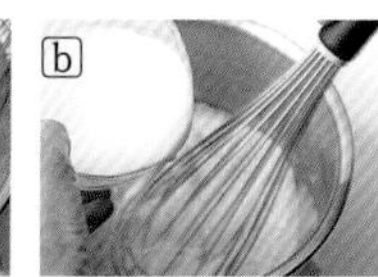

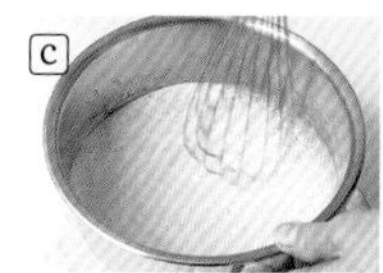

小贴士

- 牛奶醇厚浓郁，能品尝到令人怀念的味道。
- 加热蛋黄和牛奶时，为了防止蛋黄凝结要不断地搅动。

做法

1. 2大勺水中撒入吉利丁粉搅拌混合，泡发10分钟左右。
2. 大碗中放入蛋黄，用手动打蛋器快速打散，加入细砂糖，搅拌至整体颜色变白ⓐ。
3. 一点一点慢慢加入牛奶ⓑ，同时搅拌至整体完全混合均匀ⓒ。
4. 移至锅中，开中火加热，用橡胶刮刀不断搅拌ⓓ。表面开始冒出细小泡泡时关火，加入1的泡发好的吉利丁，搅拌1分钟左右使材料充分溶化。
5. 4的果冻液舀出4大勺放入一个大碗中，加入鲜奶油快速搅拌混合均匀。
6. 4的剩余果冻液移至另一个大碗中，大碗底部贴着冰水，同时用橡胶刮刀搅拌果冻液，变得浓稠后马上用长柄汤勺舀起等分地倒入玻璃杯中，覆盖保鲜膜后放入冰箱冷藏室中。
7. 5的盛放分取出的果冻液的大碗底部贴着冰水，用手动打蛋器搅拌果冻液。搅拌至整体呈细腻的泡沫状即可。
8. 用勺子舀起7的泡沫等分地慢慢放入6的玻璃杯中。用保鲜膜包好放入冰箱中，冷藏2小时以上使其凝固。

Eau pétillante au melon
网纹瓜汽水果冻 →p.67

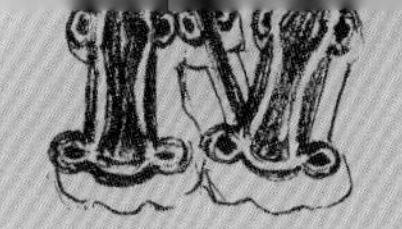

Lait frappé
奶昔果冻 →p. 67

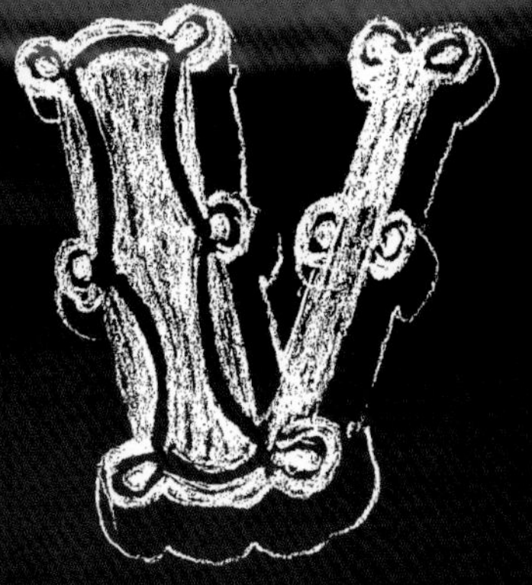

魔法淡雪果冻

▶和果子“淡雪羊羹”是羊羹的一种，
在这里以2层的魔法果冻的形式来重新演绎。
不使用寒天而使用吉利丁，并以方盘和模具来代替寒天专用方盒。
▶意式蛋白霜成就了独特的膨松口感。
意式蛋白霜是由糖浆和蛋白混合而成的，同时进行制作是关键。
不要慌张，沉着冷静地制作吧。

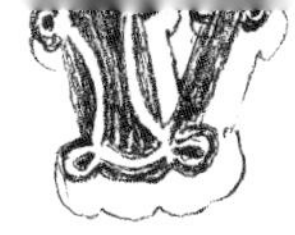

Yuzu
日本柚子果冻→p. 73

Amanatsu
夏蜜柑果冻

材料［19cm×13cm×3.5cm（高）方盘1个分］

吉利丁粉 10g
夏蜜柑 1个（200g）
蜂蜜 25g

意式蛋白霜
细砂糖 30g
蛋白 1个分（约30g）

魔法淡雪果冻的
基本做法

1. 准备工作

4大勺水中撒入吉利丁粉搅拌混合，泡发10分钟左右。夏蜜柑取出果肉，粗略拆散。

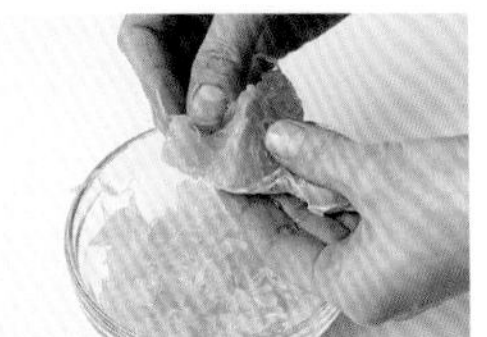

·如果是将水倒入吉利丁粉中，可能出现混合不匀、难以完美泡发的情况，所以请务必将吉利丁粉撒入水中。
·为了让果肉在整个果冻中均匀分布，要将果肉拆散待用。

2. 溶化蜂蜜

锅中倒入50mL水、1的夏蜜柑、蜂蜜，开中火加热，用橡胶刮刀搅拌使蜂蜜溶化。

·在蜂蜜完全溶化前，要一边加热一边充分搅拌。用细砂糖代替蜂蜜也是可以的。

3. 加入吉利丁搅拌混合

锅的边缘开始扑哧扑哧冒泡时关火。加入1的泡发好的吉利丁，搅拌1分钟左右使材料充分溶化。

·煮沸状态下吉利丁难以凝固，所以必须在关火后再加入吉利丁。

4. 制作意式蛋白霜①

制作意式蛋白霜。4和5的操作要同时进行。小锅中倒入30mL水和细砂糖，用橡胶刮刀搅拌后开中火加热，煮沸后再继续煮1～2分钟。用筷子捞取，呈能拉出丝的黏稠状态即可。

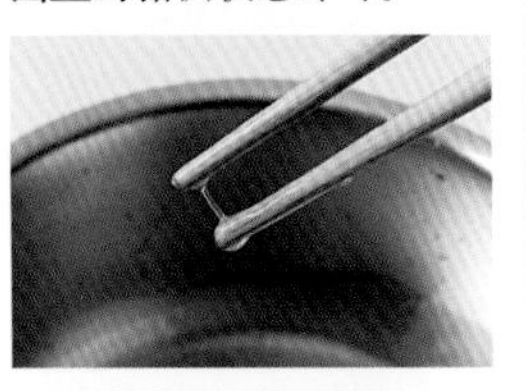

·意式蛋白霜是由糖浆和蛋白混合而成的。虽说要同时进行制作，但还是要从制作糖浆开始。
·到能拉出丝的黏稠状态时约是117℃。如果有能测高温的温度计，也可使用温度计来确认。

5. 制作意式蛋白霜②

一边进行4的操作，一边在大碗中加入蛋白，用手持式电动搅拌器低速打发1分钟左右。打发至整体膨松变白即可。

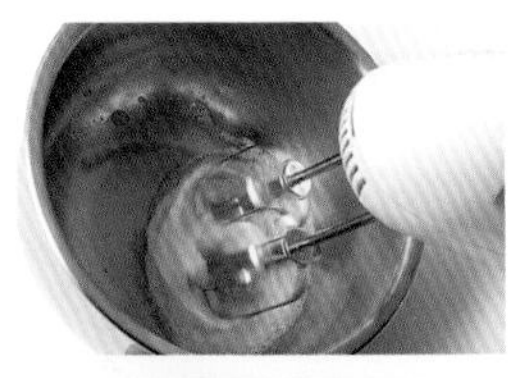

·开火加热糖浆时，就可以开始打发蛋白。打发至整体膨松变白即可。
·要时不时确认一下糖浆在锅中的状态。

6. 制作意式蛋白霜③

5的大碗中一点一点慢慢加入4的糖浆，同时用手持式电动搅拌器低速打发2分钟左右。提起搅拌器时，蛋白霜呈小尖角挺立状态，且大碗底部变凉即可。意式蛋白霜制作完成。

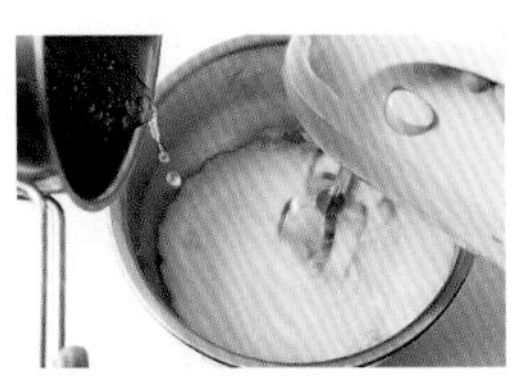

·4的糖浆温度很高，为了防止溅出，要沿着大碗的边缘一点一点慢慢倒入。

7. 混合果冻液

方盘内侧用水稍微弄湿待用。6的意式蛋白霜中加入3的材料，用手动打蛋器以从底部向上提拉的方式搅拌5～6次（不要搅拌得过于均匀）。马上慢慢倒入方盘中，用橡胶刮刀抹平表面，静置冷却。充分冷却后包上保鲜膜放入冰箱中，冷藏2小时以上使其凝固。

·整体大幅度快速搅拌混合即可。搅拌得过于均匀可能导致不能顺利分层。
·在静置冷却的过程中自然分为2层。若未充分冷却就马上放入冰箱中冷藏，会一直保持不能分层的状态，所以必须要充分冷却后再冷藏。

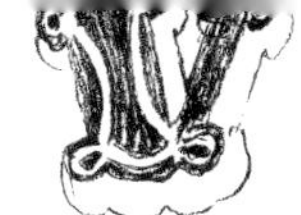

小贴士

- 膨松绵软的温润口感和夏蜜柑的酸甜味道，形成绝妙的美味双重奏。
- 用其他柑橘类的水果代替夏蜜柑也会非常美味。

8. 脱模

果冻凝固后，方盘浸入热水中2～3秒，然后在果冻和方盘之间插入刀子。再轻轻按压果冻，使方盘和果冻之间进入空气，将盘子倒扣在方盘上然后整体翻转，轻轻摇晃脱去方盘。

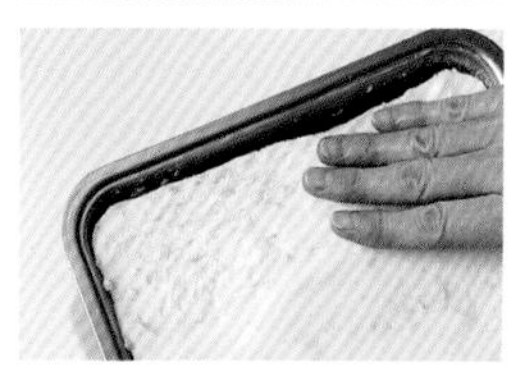

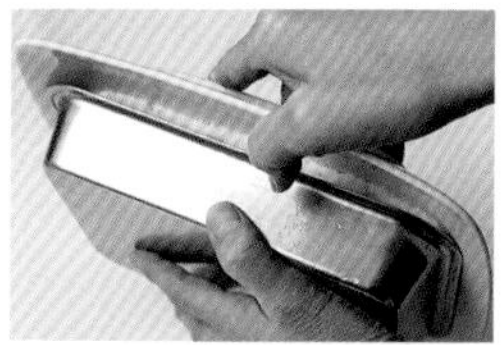

- 热水最好为50℃左右。要注意，过热的话会让果冻熔化。
- 插入刀子，使方盘和果冻之间进入空气，就能很顺利地脱模。若仍无法顺利脱模，可再浸泡于热水中2～3秒。

Yuzu 日本柚子果冻

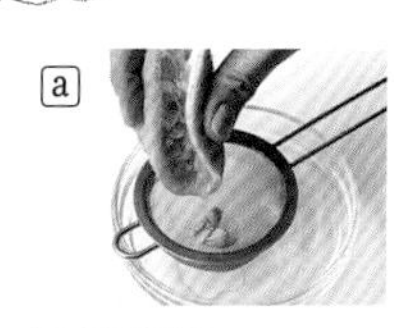

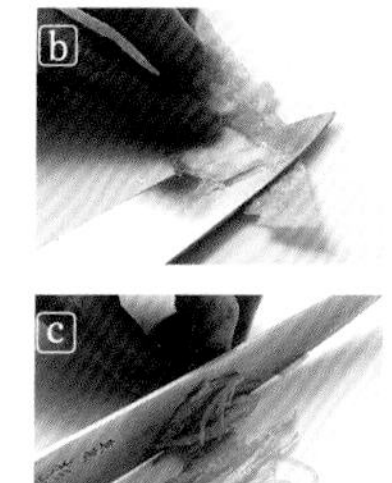

材料［19cm×13cm×3.5cm（高）方盘1个分］

吉利丁粉　10g

日本柚子　1个（果汁1大勺，果皮25g）

蜂蜜　25g

意式蛋白霜

- 细砂糖　30g
- 蛋白　1个分（约30g）

做法

1. 4大勺水中撒入吉利丁粉搅拌混合，泡发10分钟左右。日本柚子横切成两半，挤出果汁ⓐ，分取出1大勺的分量。果皮削去内侧白色的部分ⓑ，切出25g的细丝ⓒ。

2. 锅中倒入100mL水、**1**的1大勺日本柚子果汁和25g果皮、蜂蜜，开中火加热，用橡胶刮刀搅拌使蜂蜜溶化。

3. 煮沸后转小火，继续煮5分钟左右后关火。加入**1**的泡发好的吉利丁，搅拌1分钟左右使材料充分溶化。

4. 制作意式蛋白霜。**4**和**5**的操作同时进行。小锅中倒入30mL水和细砂糖，用橡胶刮刀搅拌后开中火加热，煮沸后再继续煮1～2分钟。用筷子捞取，呈能拉出丝的黏稠状态即可。

5. 一边进行**4**的操作，一边在大碗中加入蛋白，用手持式电动搅拌器低速打发1分钟左右。打发至整体膨松变白即可。

6. **5**的大碗中一点一点慢慢加入**4**的糖浆，同时用手持式电动搅拌器低速打发2分钟左右。提起搅拌器时，蛋白霜呈小尖角挺立状态，且大碗底部变凉即可。意式蛋白霜制作完成。

7. 方盘内侧用水稍微弄湿待用。**6**的意式蛋白霜中加入**3**的材料，用手动打蛋器以从底部向上提拉的方式搅拌5～6次（不要搅拌得过于均匀）。马上慢慢倒入方盘中，用橡胶刮刀抹平表面，静置冷却。充分冷却后包上保鲜膜放入冰箱中，冷藏2小时以上使其凝固。

8. 果冻凝固后，方盘浸入热水中2～3秒，然后在果冻和方盘之间插入刀子。再轻轻按压果冻，使方盘和果冻之间进入空气，将盘子倒扣在方盘上然后整体翻转，轻轻摇晃脱去方盘。

小贴士

- 因为日本柚子的籽很多，所以可以一边挤出果汁一边用茶漏过滤。如果没有日本柚子，用柠檬代替也会非常美味。
- 为了让蜂蜜充分渗入果皮中，需要慢慢熬煮。

Kiwi
奇异果果冻→ p. 76

Fraise

草莓果冻 → p. 76

Kiwi 奇异果果冻

材料[19cm×13cm×3.5cm(高)方盘1个分]

吉利丁粉　10g
奇异果　2个(170g)
细砂糖　40g
意式蛋白霜
　细砂糖　30g
　蛋白　1个分(约30g)

小贴士

- 奇异果富含维生素C、食物纤维、矿物质。食谱中使用的是绿色的品种，也可以使用金黄色的品种。
- 如果直接使用生的奇异果，会让吉利丁的作用变弱而果冻难以凝固，所以要事先加热。

做法

1. 4大勺水中撒入吉利丁粉搅拌混合，泡发10分钟左右。奇异果切成边长1cm的小块。

2. 锅中倒入180mL水、1的奇异果、细砂糖，开中火加热，用橡胶刮刀搅拌使细砂糖溶化[a]。煮沸后转小火，继续煮10分钟左右。

3. 用铺了厨房用纸的过滤网勺过滤，分离开奇异果和浆汁。把奇异果铺在内侧已稍微弄湿的方盘中。计量出150mL的浆汁，若不足加适量的水补足分量。

4. 锅中倒入3的150mL浆汁，开中火加热，锅的边缘开始扑哧扑哧冒泡时关火。加入1的泡发好的吉利丁，搅拌1分钟左右使材料充分溶化。

5. 制作意式蛋白霜(参照p.77"意式蛋白霜的做法")。

6. 5的意式蛋白霜中加入4的材料，用手动打蛋器以从底部向上提拉的方式搅拌5～6次(不要搅拌得过于均匀)。马上慢慢倒入3的方盘中，用橡胶刮刀抹平表面，静置冷却。充分冷却后包上保鲜膜放入冰箱中，冷藏2小时以上使其凝固。

7. 果冻凝固后，方盘浸入热水中2～3秒，在果冻和方盘之间插入刀子。再轻轻按压果冻，使方盘和果冻之间进入空气，将盘子倒扣在方盘上然后整体翻转，轻轻摇晃脱去方盘。

Fraise 草莓果冻

材料[19cm×13cm×3.5cm(高)方盘1个分]

吉利丁粉　10g
草莓　250g
细砂糖　20g
意式蛋白霜
　细砂糖　20g
　蛋白　1个分(约30g)
炼乳(加糖)　30g

小贴士

- 草莓请使用个头较小的。若个头较大，要切成方便食用的大小再放入方盘中。
- 因为加入了炼乳，所以放入水中的细砂糖和意式蛋白霜中的细砂糖的分量都需要减少。

做法

1. 4大勺水中撒入吉利丁粉搅拌混合，泡发10分钟左右。把草莓铺在内侧已稍微弄湿的方盘中。

2. 锅中倒入100mL水、细砂糖，开中火加热，用橡胶刮刀搅拌使细砂糖溶化。

3. 锅的边缘开始扑哧扑哧冒泡时关火。加入1的泡发好的吉利丁，搅拌1分钟左右使材料充分溶化。

4. 制作意式蛋白霜(参照p.77"意式蛋白霜的做法")。

5. 4的意式蛋白霜中加入炼乳，用手持式电动搅拌器低速地稍稍搅打。所有材料混合在一起即可。

6. 加入3的材料，用手动打蛋器以从底部向上提拉的方式搅拌5～6次(不要搅拌得过于均匀)。马上慢慢倒入1的方盘中，用橡胶刮刀抹平表面，静置冷却。充分冷却后包上保鲜膜放入冰箱中，冷藏2小时以上使其凝固。

7. 果冻凝固后，方盘浸入热水中2～3秒，在果冻和方盘之间插入刀子。再轻轻按压果冻，使方盘和果冻之间进入空气，将盘子倒扣在方盘上然后整体翻转，轻轻摇晃脱去方盘。

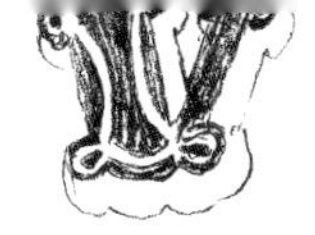

Pomme
苹果果冻

材料［19cm×13cm×3.5cm（高）方盘1个分］

苹果(带皮)　纵切1/2个(100g)
细砂糖　30g
吉利丁粉　10g
意式蛋白霜
　细砂糖　30g
　蛋白　1个分(约30g)

小贴士

- 苹果推荐使用红玉或者富士等稍微硬一点的品种。使用红玉的话果冻会有非常漂亮的颜色。
- 苹果放入方盘前要沥干水，摆放时尽可能做到厚度均匀。

做法

1. 苹果带皮纵切成两半，去核，切成2mm厚的扇形片。放入耐热容器中，再撒上细砂糖，倒入100mL水，用保鲜膜包好放入微波炉中加热3分钟左右。然后用保鲜膜覆盖材料表面，静置冷却。分离开苹果和浆汁，把苹果放入内侧已稍微弄湿的方盘中ⓐ。计量出150mL的浆汁，若不足加适量的水补足分量。
2. 4大勺水中撒入吉利丁粉搅拌混合，泡发10分钟左右。
3. 锅中倒入1的150mL浆汁，开中火加热，锅的边缘开始扑哧扑哧冒泡时关火。加入2的泡发好的吉利丁，搅拌1分钟左右使材料充分溶化。
4. 制作意式蛋白霜(参照本页“意式蛋白霜的做法”)。
5. 4的意式蛋白霜中加入3的材料，用手动打蛋器以从底部向上提拉的方式搅拌5~6次(不要搅拌得过于均匀)。马上慢慢倒入1的方盘中，用橡胶刮刀抹平表面，静置冷却。充分冷却后包上保鲜膜放入冰箱中，冷藏2小时以上使其凝固。
6. 果冻凝固后，方盘浸入热水中2~3秒，在果冻和方盘之间插入刀子。再轻轻按压果冻，使方盘和果冻之间进入空气，将盘子倒扣在方盘上然后整体翻转，轻轻摇晃脱去方盘。

Myrtille
蓝莓果冻

材料(直径10cm天使蛋糕模具1个分)

吉利丁粉　10g
蓝莓　100g
细砂糖　30g
意式蛋白霜
　细砂糖　30g
　蛋白　1个分(约30g)

小贴士

- 蓝莓如果是冷冻状态的要先解冻，用厨房用纸拭干水后再使用。
- 若用更大一些的天使蛋糕模具制作，材料要增至2~3倍。若用19cm×13cm×3.5cm（高）的方盘制作，使用与食谱中相同的分量即可。

做法

1. 4大勺水中撒入吉利丁粉搅拌混合，泡发10分钟左右。
2. 锅中倒入150mL水、蓝莓、细砂糖，开中火加热，用橡胶刮刀搅拌使细砂糖溶化。
3. 锅的边缘开始扑哧扑哧冒泡时关火。加入1的泡发好的吉利丁，搅拌1分钟左右使材料充分溶化。
4. 制作意式蛋白霜(参照本页“意式蛋白霜的做法”)。
5. 模具内侧稍用水微弄湿待用。在4的意式白霜中加入3的材料，用手动打蛋器以从底部向上提拉的方式搅拌5~6次(不要搅拌得过于均匀)。马上慢慢倒入模具中，用橡胶刮刀抹平表面，静置冷却。充分冷却后包上保鲜膜放入冰箱中，冷藏2小时以上使其凝固。
6. 果冻凝固后，用手指轻轻推挤果冻边缘制造出缝隙，然后把模具浸泡于热水中2~3秒。再轻轻按压果冻，让模具与果冻之间进入空气，将盘子倒扣在模具上然后整体翻转，轻轻摇晃脱去模具。

意式蛋白霜的做法

1. 1和2的操作同时进行。小锅中倒入30mL水和细砂糖，用橡胶刮刀搅拌后开中火加热，煮沸后再继续煮1~2分钟。用筷子捞取，呈能拉出丝的黏稠状态即可。
2. 一边进行1的操作，一边在大碗中加入蛋白，用手持式电动搅拌器低速打发1分钟左右。打发至整体膨松变白即可。
3. 2的大碗中一点一点慢慢加入1的糖浆，同时用手持式电动搅拌器低速打发2分钟左右。提起搅拌器时，蛋白霜呈小尖角挺立状态，且大碗底部变凉即可。意式蛋白霜制作完成。

Pomme
苹果果冻→p. 77

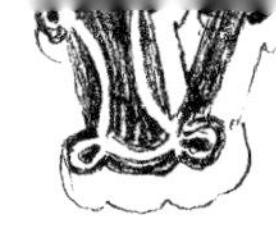

Myrtille

蓝莓果冻 → p. 77

荻田尚子
Hisako Ogita

甜点研究家。大学毕业后在日本甜点专门学校进修，曾供职于法式甜点店，并担任过料理研究家石原洋子的助手，后正式独立。擅长以正宗的法式甜点知识及技术为基础，设计出在家也能轻松制作的甜点食谱。出版有《魔法蛋糕 PLUS》《方形甜点和面包》等著作。2016 年的著作《魔法蛋糕》获得日本第 3 届料理食谱书大赏“甜点类”大奖。

图书在版编目（CIP）数据

不一样的魔法分层果冻 /（日）荻田尚子著；葛婷婷译. —郑州：河南科学技术出版社，2019.10
ISBN 978-7-5349-9625-2

Ⅰ. ①不…　Ⅱ. ①荻…　②葛…　Ⅲ. ①果冻-制作　Ⅳ. ①TS255.43

中国版本图书馆CIP数据核字（2019）第205675号

出版发行：河南科学技术出版社
地址：郑州市郑东新区祥盛街27号　邮编：450016
电话：（0371）65737028　65788633
网址：www.hnstp.cn
策划编辑：李迎辉
责任编辑：李迎辉
责任校对：王晓红
封面设计：张　伟
责任印制：张艳芳
印　　刷：河南瑞之光印刷股份有限公司
经　　销：全国新华书店
开　　本：787 mm × 1 092 mm　1/16　印张：5　字数：160千字
版　　次：2019年10月第1版　2019年10月第1次印刷
定　　价：39.00 元